Analyse multifractale en hydrologie

Application aux séries temporelles

Pietro Bernardara
Michel Lang
Eric Sauquet
Daniel Schertzer
Ioulia Tchiriguyskaia

Éditions Quæ
c/o Inra, RD 10, 78026 Versailles Cedex

Collection *Update Sciences & Technologies*

Conceptual Approach to the Study of Snow Avalanches.
Maurice Meunier, Christophe Ancey, Didier Richard,
2005, 262 p.

Qualité de l'eau en milieu rural.
Savoirs et pratiques dans les bassins versants,
Philippe Mérot, coordinateur
2006, 352 p.

Biodiversity and Domestication of Yams in West Africa.
Traditional Practices Leading to *Dioscorea rotundata* Poir,
Alexandre Dansi, Roland Dumont, Philippe Vernier, Jeanne Zoundjihèkpon,
2006, 104 p.

Génétiquement indéterminé.
Le vivant auto-organisé
Sylvie Pouteau, coordinatrice,
2007, 172 p.

L'éthique en friche.
Dominique Vermersch,
2007, 116 p.

Agriculture de précision.
Martine Guérif, Dominique King, coordinateurs,
2007, 292 p.

Territoires et enjeux du développement régional.
Amédée Mollard, Emmanuelle Sauboua, Maud Hirczak, coordinateurs,
2007, 240 p.

© Éditions Quæ, 2007   ISBN : 978-2-7592-0061-0   ISSN : 1773-7923

Sommaire

Introduction

Cette note technique tente de décrire de façon simple les procédures à mettre en œuvre pour effectuer une analyse multifractale de données hydrologiques. Elle a été produite dans le cadre d'un stage post-doctoral réalisé en collaboration entre des hydrologues du Cemagref et le groupe Multiplicité d'Échelle en Hydrométéorologie du Cereve (*cf.* Remerciements). Elle s'efforce de mettre l'accent sur les liens entre le formalisme multifractal et celui de l'analyse fréquentielle en hydrologie. Le lecteur avec des connaissances en hydrologie se trouvera face à des problèmes habituels dans son domaine, liés à la fois à la multiplicité d'échelles d'observations possibles, la forte variabilité des phénomènes jusqu'aux petites échelles, l'apparition des événements extrêmes rares, mais d'intensité beaucoup plus forte par rapport à l'état « normal » du système, la non-linéarité, voire les effets multiplicatifs des relations entre les variables du système hydrologique. Cela conduit souvent à choisir une description synthétique du système, plutôt que bâtie sur des modèles physiques. Le lecteur découvrira ici une théorie et ses outils statistiques qui traitent ces problèmes et qui cherchent à les modéliser en respectant des propriétés physiques fondamentales liées aux interactions sur une grande gamme d'échelle. Le document fera parfois l'impasse sur les développements mathématiques complexes. Une certaine maîtrise dans le domaine des statistiques est cependant conseillée. Les lecteurs plus curieux pourront se reporter aux nombreuses références bibliographiques pour parfaire leur connaissance dans le domaine.

Nous rappellerons brièvement dans un premier chapitre la théorie des multifractales et ses principales caractéristiques. Nous y détaillerons les procédures d'identification des propriétés d'invariance d'échelle, notion au cœur de cette théorie, et, sur cette base, nous donnerons une première définition des propriétés multifractales du point de vue statistique. Les propriétés générales des champs ou séries multifractals, ainsi que les comportements des extrêmes analysés dans le cadre de cette théorie, y seront décrites. Nous y étudierons ensuite un type de processus vérifiant par construction stochastique les propriétés annoncées : les cascades multiplicatives. Nous nous intéresserons à un modèle de représentation parmi ceux relevés dans la littérature : le modèle universel. Ce dernier résume la variabilité observée à toutes les échelles par une formule analytique et un nombre réduit de paramètres à ajuster sur les données traitées. Ce document s'achève sur un deuxième chapitre consacré à des exemples d'applications liées à des séries temporelles de pluie et de débit.

Au fil des pages, les aspects encore en cours d'étude relatifs à l'application de la théorie multifractale en hydrologie seront soulignés, en espérant montrer au lecteur l'intérêt scientifique de ces outils.

Chapitre 1
La théorie multifractale

L'analyse multifractale est un cadre approprié pour traiter et modéliser des champs présentant une forte variabilité spatio-temporelle, surtout en ce qui concerne les caractéristiques de non uniformité des phénomènes et leurs comportements extrêmes. Elle offre une modélisation de synthèse de la variabilité du processus analysé. Elle introduit notamment la notion d'invariance d'échelle, c'est-à-dire le lien qui existe entre une mesure et l'échelle de cette mesure.

Par conséquent, l'idée d'appliquer ces concepts à la description des variables géophysiques est venue naturellement à l'esprit des scientifiques. Différents domaines connexes ont ainsi fait l'objet d'applications : géologie, météorologie, biologie, géomorphologie, topographie, imagerie radar… et bien entendu l'hydrologie. En effet, les hydrologues, comme le souligne Chow (1988), doivent bien souvent décrire des systèmes sur lesquels divers processus agissent à différentes échelles de temps (de la seconde au siècle) et différentes échelles d'espace (du millimètre à l'échelle de la planète).

Comment observer un phénomène à différentes échelles ?

Le rapport d'échelle

Nous nous arrêterons en premier lieu sur les définitions générales concernant les échelles ou résolutions auxquelles les phénomènes sont mesurés ou observés. Il est fréquent de voir émerger des questions d'ordre général liées à l'échelle d'analyse de systèmes dynamiques dans le temps et/ou distribués dans l'espace. À quelle échelle faut-il observer le système ? Comment les caractéristiques du système évoluent-elles si on observe ce dernier à différentes échelles ? Peut-on transférer les informations mesurées à une échelle vers une autre échelle ? Si oui, comment ?

Nous supposerons, que le processus ε qui nous intéresse peut être observé à différentes échelles d'observation, ces échelles étant liées par le rapport d'échelle λ défini comme suit :

Définition 1. $\lambda = \dfrac{T_1}{T_2}$,

où T_2 représente l'échelle d'étude la plus grande, et T_1 une échelle plus fine à laquelle le phénomène est observé. Cette définition étant tout à fait générale, la valeur du rapport λ quantifie le rapport entre deux échelles de mesure.

Les observations et les échelles d'un processus hydrologique

Le problème des échelles est particulièrement important dans le domaine de l'hydrologie, où normalement on dispose de séries ou de champs de mesures (de pluie, d'humidité du sol, du débit, etc.) très variables dans l'espace et le temps. Ces séries sont représentatives de différents phénomènes qui se superposent et se neutralisent de façon non-linéaire, et qui agissent à des échelles de temps et d'espace différentes.

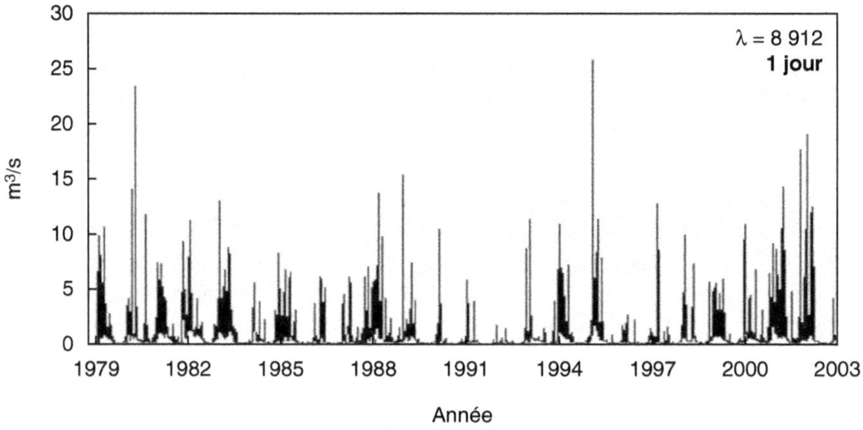

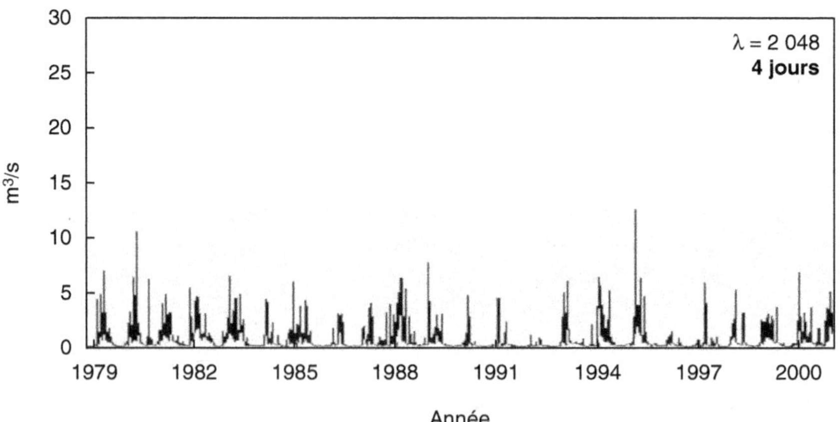

Figure 1.1. Variabilité des mesures de débits moyens selon différentes échelles de temps, de 1 jour (en haut) jusqu'à 256 jours (en bas), sur la station hydrométrique de l'Orgeval au Theil.

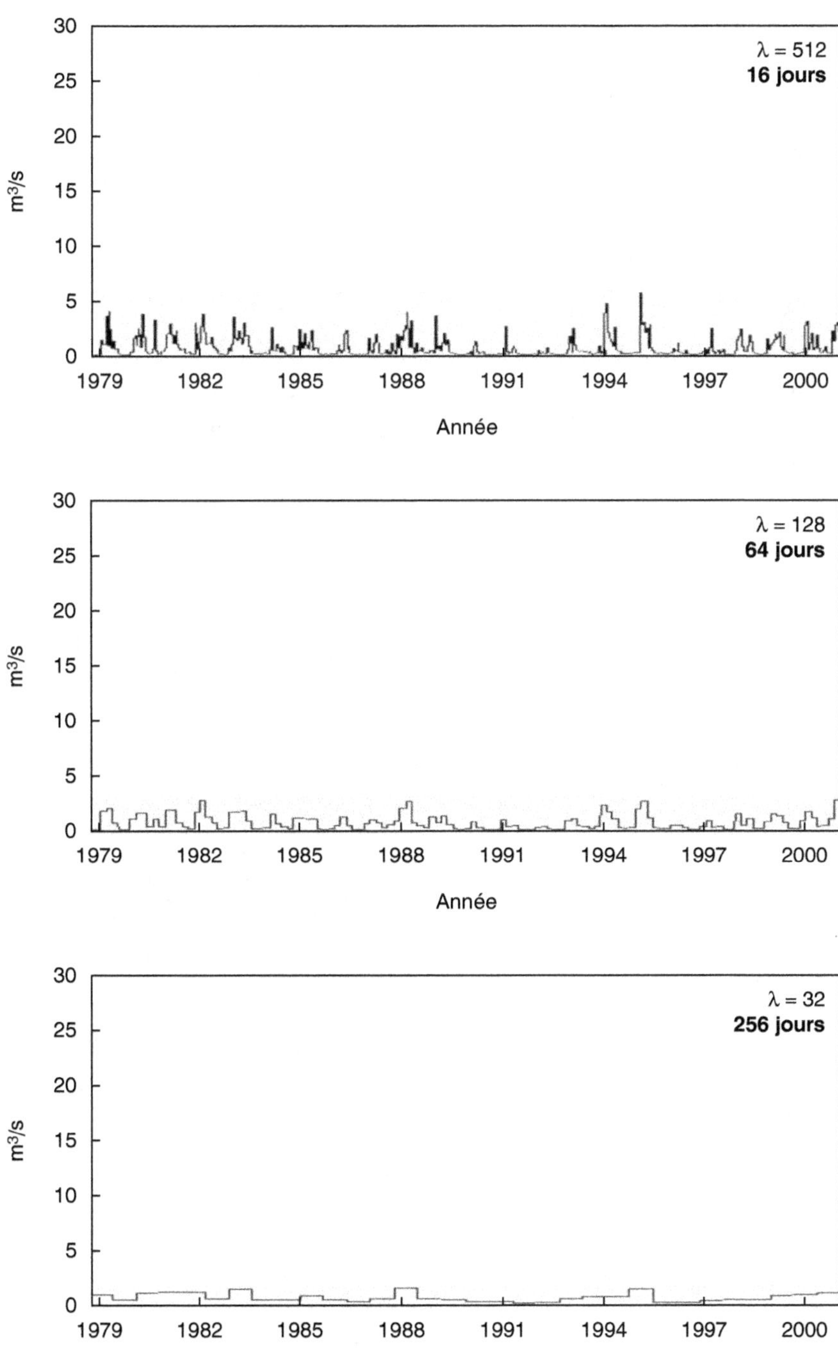

Figure 1.1. suite

Pour des raisons de simplicité, et dans un objectif pédagogique, nous nous limiterons dans cette note technique à un processus $\varepsilon(t)$ monodimensionnel, ici un processus qui se déploie selon l'axe des temps t. Les chroniques cibles en hydrologie seront principalement les chroniques de pluie et de débit sur un poste d'observation relevées en une section de rivière, réputées pour leur forte variabilité temporelle. La transposition des concepts s'opère a priori sans difficulté supplémentaire dans un espace à plusieurs dimensions.

D'un point de vue pratique, nous définirons l'échelle intégrale T comme l'échelle la plus grande à laquelle le phénomène est observé (*cf.* durée totale de la chronique analysée). Dans ce cas, le rapport d'échelle s'écrit :

$$\lambda = \frac{T}{T_1} , \tag{1}$$

et les échelles explorées T_1 (nécessairement plus petites) seront caractérisées par une valeur de rapport $\lambda \geq 1$. Cette variable sera la métrique de l'espace utilisée dans la suite du document.

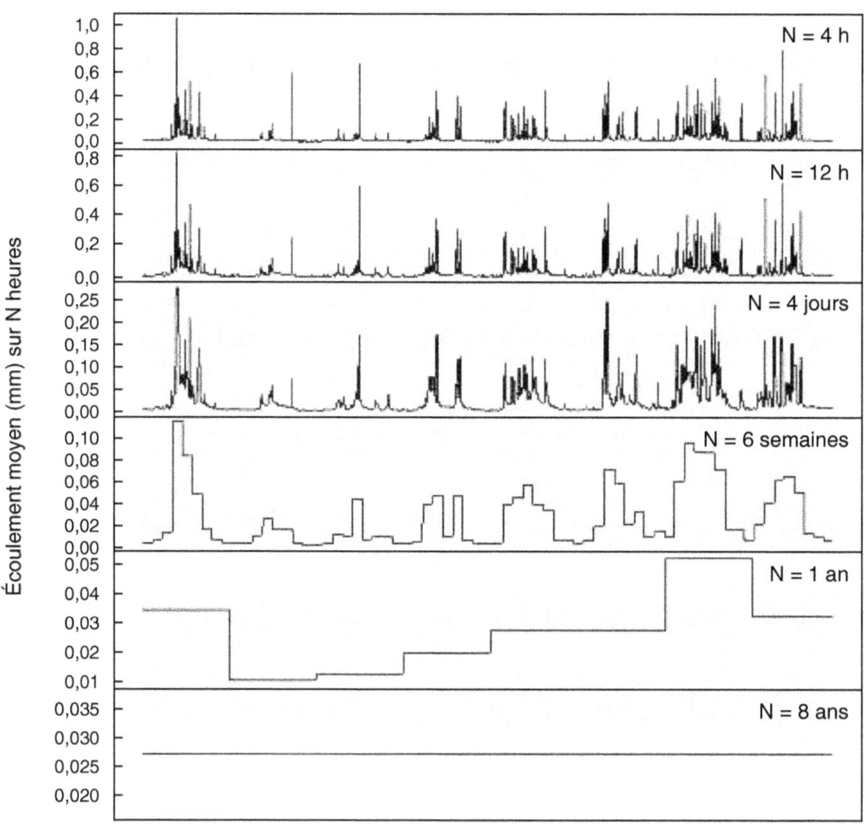

Figure 1.2. Variabilité des mesures d'intensités et débits moyens selon différentes échelles de temps, de 4 heures (en haut) jusqu'à 8 ans (en bas), sur la station hydrométrique des Avenelles, à Boissy-le-Châtel, et au poste pluviométrique 35 du BVRE de l'Orgeval.

Dans l'analyse des données hydrologiques, nous sommes souvent confrontés au cas où la mesure est disponible à une seule échelle, conditionnée par les modes d'échantillonnage des dispositifs de mesure (pluviographe, par exemple). L'information aux autres échelles doit alors forcément être déduite de l'échelle de base. Plusieurs méthodes existent pour dégrader (ou agréger) un signal à différentes échelles. La procédure la plus répandue fait usage de la moyenne sans recouvrement. C'est cette option de calcul qui s'est imposée dans le formalisme multifractal.

Posons ε_λ le signal obtenu par agrégation à l'échelle λ. Le passage d'une échelle quelconque, caractérisée par un rapport d'échelle λ_1, à une échelle caractérisée par λ_2 s'obtient par la formule :

$$\varepsilon_{\lambda_{2,j}} = \frac{\lambda_2}{\lambda_1} \sum_{j=1}^{\lambda_1/\lambda_2} \varepsilon_{\lambda_{1,j}}, \tag{2}$$

où le i-ième pas de temps selon la résolution T_2 est obtenu par agrégation du signal à la résolution T_1.

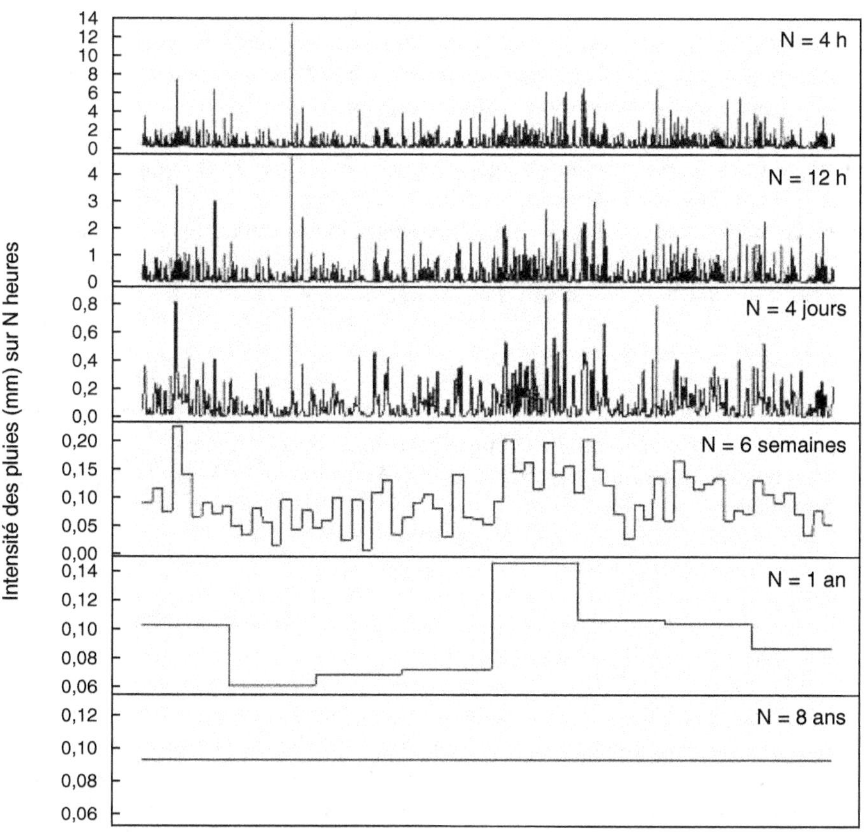

Figure 1.2. suite

Les séries des figures 1.1 et 1.2 sont obtenues par lissage progressif des données de débit et de pluie selon l'équation (2). On observe sur la figure 1.1 le lissage progressif de la série de débit journalier de l'Orgeval au Theil. Dans ce cas, l'échelle de débit est la même pour toutes les échelles temporelles. On peut noter comme les valeurs de débit moyen augmentent sur les petites échelles. Pour les grandes échelles, la diminution du débit moyen est perceptible, et les amplitudes et valeurs extrêmes sont fortement réduites.

Le deuxième exemple (figure 1.2) permet de comparer le comportement des débits d'un autre bassin du BVRE de l'Orgeval avec celui des pluies alimentant ce bassin versant pour les échelles d'observation de 4 heures jusqu'à 8×365 jours. Le rapport λ est calculé à partir de l'échelle intégrale $T = 2\,920$ jours, soit exactement 8 ans. On remarque toujours le lissage opéré et une différenciation entre pluie et débit : le filtrage du signal pluviométrique par le bassin induit un comportement différent de la chronique des débits, avec un caractère saisonnier plus prononcé sur les écoulements.

Il existe aussi d'autres méthodes pour accéder aux propriétés des champs à une échelle différente de celle de la mesure. Les hydrologues, par exemple, sont généralement habitués à traiter la moyenne glissante pour estimer le cumul de pluie ou de débit sur différentes durées, notamment pour construire les courbes intensité-durée-fréquence ou les courbes débit-durée-fréquence. Les séries bâties sur ce principe fournissent des valeurs extrêmes toujours plus fortes — à la limite égales — que celles obtenues sans recouvrement. Il est cependant possible d'établir empiriquement des liens entre ces deux estimations (*cf.* coefficient de Weiss pour les pluies sous climat tempéré, Weiss, 1964).

La mention de la base de calcul de la moyenne est un prérequis indispensable à une comparaison objective des méthodes et des résultats. À des fins d'homogénéité avec les travaux publiés dans le domaine des multifractales, nous considérerons dans ce document un changement d'échelle réalisé par moyenne sans recouvrement. En outre, pour simplifier, uniformiser et comparer les traitements opérés, il est d'usage de normer les observations par la moyenne calculée à l'échelle la plus petite avant d'agréger les données. Il vient ainsi :

$$E(\varepsilon_\lambda) = 1 \,. \tag{3}$$

Dans la suite du document, nous allègerons les notations en supprimant l'indice i (*cf.* équation (2)) qui rend compte du nombre d'observations de la série à l'échelle λ, et nous considérons l'opération de normalisation réalisée à l'échelle la plus petite, à savoir $\lambda = \Lambda$.

Les singularités

Pour décrire les observations, le formalisme multifractal introduit la notion de singularité, notée γ, définie comme suit :

Définition 2. $\gamma = \log_\lambda(\varepsilon_\lambda)\,.$

La singularité γ est une transformation logarithmique en base λ des observations mesurées à l'échelle λ. Toutes les chroniques sans distinction de rapport d'échelle participent à la description de γ. La transformation permet de manipuler une seule variable γ intégrant des informations en provenance de toutes les échelles. Il est possible d'inverser la relation définie plus haut afin de reconstruire les observations à toutes les échelles :

$$\varepsilon_\lambda = \lambda^\gamma \,. \tag{4}$$

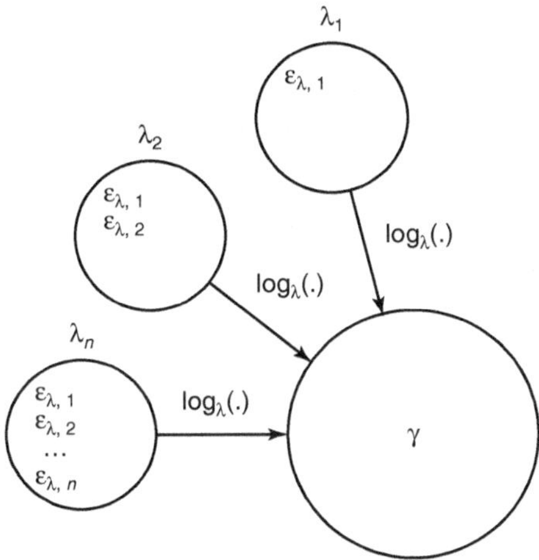

Figure 1.3. Principe de transformation de toutes les observations disponibles à toutes les échelles ε_λ en singularités γ.

La figure 1.3 illustre la procédure qui transforme les observations relevées aux échelles λ en singularités γ. Les singularités observées représentent les réalisations de la variable aléatoire γ, principal objet d'étude de l'analyse multifractale.

Une description statistique des processus multifractals

Les propriétés d'une variable aléatoire X peuvent être décrites simultanément par la fonction de répartition $F(x) = \Pr(X < x)$ et par l'ensemble complet de ses moments statistiques. Dans les prochaines sections, nous présentons les processus multifractals, en décrivant leurs caractéristiques statistiques.

La fonction codimension $c(\gamma)$

Les singularités γ étant définies, nous nous intéressons à la loi de probabilité théorique qui les concerne, à travers le concept de fonction codimension, notée $c(\gamma)$. Dans le cas général, la fonction de distribution de probabilité et la fonction de répartition dépendent de l'échelle λ. Dans le cas multifractal, elles prennent une forme particulière.

Définition 3. Un processus est dit « multifractal » si la fonction $c(\gamma)$ suit la loi décrite par :

$$\Pr(\varepsilon_\lambda \geq \lambda^{\bar{\gamma}}) \approx \lambda^{-c(\bar{\gamma})}. \tag{5}$$

Après transformation de variable selon la définition 2, nous obtenons :

$$\Pr(\gamma \geq \bar{\gamma}) \approx \lambda^{-c(\bar{\gamma})}. \tag{6}$$

Puis, en effectuant une transformation logarithmique de chacun des termes de l'équation 6, il vient :

$$\log_\lambda[\Pr(\gamma \geq \bar{\gamma})] \approx -c(\bar{\gamma}). \tag{7}$$

La fonction $c(\gamma)$ représente le logarithme de la probabilité de dépassement des singularités et intègre une information collectée à toutes les échelles. La figure 1.4 représente, de manière classique, la loi de probabilité d'une variable X à une échelle donnée, en fonction de la fréquence au non-dépassement dans un repère log-log, et son équivalent dans le cadre du formalisme multifractal avec les variations de $c(\gamma)$ en fonction de γ. La fonction $c(\gamma)$ a la propriété d'être monotone croissante. Pour une analyse plus approfondie de la fonction $c(\gamma)$, le lecteur se reportera à De Lima (1998), Schertzer et Lovejoy (1987, 1989), Lovejoy et Schertzer (1990, 1991).

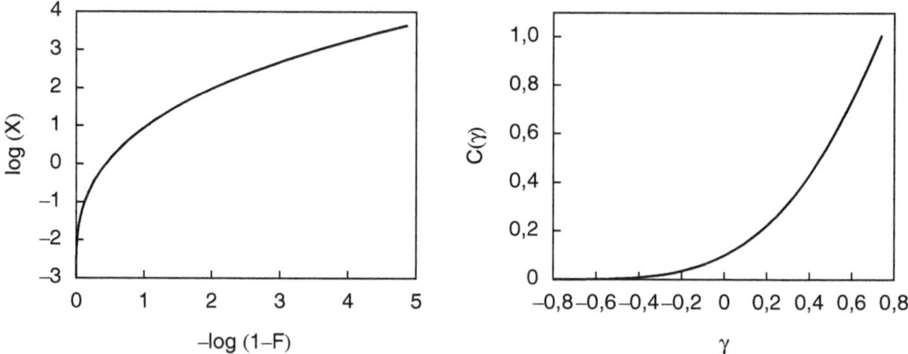

Figure 1.4. Forme typique de la fonction de répartition $F(X)$ dans un repère log-log à une seule échelle (à gauche), et allure de la fonction $c(\gamma)$ (à droite).

La fonction des moments statistiques $K(q)$

Les propriétés statistiques d'une variable aléatoire X peuvent être décrites par la fonction de répartition $F(x)$ mais également par les moments de différents ordres. Les deux représentations sont liées par la transformation de Mellin :

$$E(X^q) = \int_0^\infty x^q p(x)\mathrm{d}x, \tag{8}$$

où q est l'ordre du moment et $p(x)$ la fonction de densité de probabilité. Cette possibilité est offerte également pour un processus multifractal. Ce dernier peut être décrit par ses moments statistiques qui ont, comme la fonction codimension, des propriétés particulières.

Définition 4. Pour une variable à caractère multifractal, les moments statistiques d'un processus multifractal varient avec λ selon une loi puissance :

$$E(\varepsilon_\lambda^q) = \lambda^{K(q)}, \tag{9}$$

où $K(q)$ est la fonction des moments statistiques. $K(q)$ est une fonction convexe de q.

La figure 1.5 présente le comportement théorique des moments statistiques d'une série parfaitement multifractale.

Les propriétés d'échelle du moment d'ordre q, issues de l'équation (9), induisent un comportement spécifique du spectre d'énergie obtenu par une analyse de Fourier dans

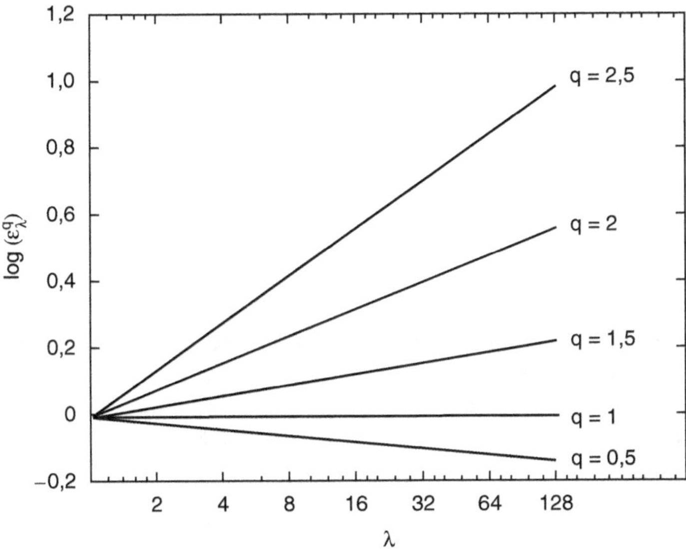

Figure 1.5. Comportement théorique des moments statistiques d'ordre q pour une série multifractale, en fonction de l'échelle d'observation λ.

l'espace des fréquences. La forme du spectre est décrite également par une relation puissance :

$$S(f) \propto f^{-\beta}, \tag{10}$$

où S représente le spectre d'énergie, f la fréquence du signal et β l'exposant du spectre. En effet, le spectre est une caractéristique d'ordre $q = 2$ de la série dans l'espace de Fourier. Plus exactement, le théorème de Wiener-Khintchine montre qu'il correspond à la transformée de Fourier de la fonction d'auto-corrélation de la série. À l'aide du théorème de Wiener-Khintchine et du théorème taubérien, Schertzer et Lovejoy (1993) ont montré que la forme en puissance de l'équation (10) peut être déduite de l'équation (9) dans le cas $q = 2$.

Nous distinguons communément deux types de processus selon les propriétés émergentes de la fonction $K(q)$:

– **Définition 4bis.** Le phénomène est soumis à une invariance d'échelle simple si les exposants de la loi d'échelle des moments $K(q)$ sont constants pour chaque ordre de moment q.

– **Définition 4ter.** Le phénomène est soumis à une invariance d'échelle multiple si les exposants de la loi d'échelle des moments $K(q)$ évoluent avec l'ordre des moments q.

Les définitions 3 et 4, qui sont parfaitement équivalentes, caractérisent un processus multifractal en termes de probabilité ou de moments statistiques. Le processus peut être décrit par l'une des deux fonctions $c(\gamma)$ ou $K(q)$, et il est aisé de passer d'une représentation à l'autre. La transformation de Mellin (équation (8)) qui relie les moments statistiques d'ordre q et la forme de la fonction de probabilité prend une forme simple dans le cadre d'un processus multifractal. En effet, d'après l'équation (9) sur les moments d'ordre q et l'équation (5) sur la fonction de codimension décrite par une loi de puissance, les fonctions caractéristiques $c(\gamma)$ et $K(q)$ sont liées par une transformation de Legendre :

$$K(q) = \max_{\gamma}[q\gamma - c(\gamma)], \tag{11}$$

$$c(\gamma) = \max_{q}[q\gamma - K(q)]. \tag{12}$$

De plus, en cherchant le maximum de $q\gamma - c(\gamma)$ dans l'équation (11) et le maximum de $q\gamma - K(q)$ dans l'équation (12), on trouve :

$$q = \frac{\mathrm{d}c(\gamma)}{\mathrm{d}\gamma} \quad \text{et} \quad \gamma = \frac{\mathrm{d}K(q)}{\mathrm{d}q}. \tag{13}$$

En conséquence, toute singularité γ peut être associée à un moment d'ordre q, et réciproquement. L'allure de la fonction $c(\gamma)$ étant supposée convexe (*cf.* figure 1.4, avec une concavité tournée vers le haut), cette particularité s'applique également à la fonction $K(q)$. Ainsi, la forme attendue de la fonction $K(q)$, de données réputées multifractales, est convexe ; elle est représentée en figure 1.6. Nous mentionnerons des valeurs particulières : $K(0) = 0$ lorsque la mesure est définie sur tout l'axe t, et $K(1) = 0$, car, après normalisation des observations et sous hypothèse de conservation, $E(\varepsilon_{\lambda}) = 1$.

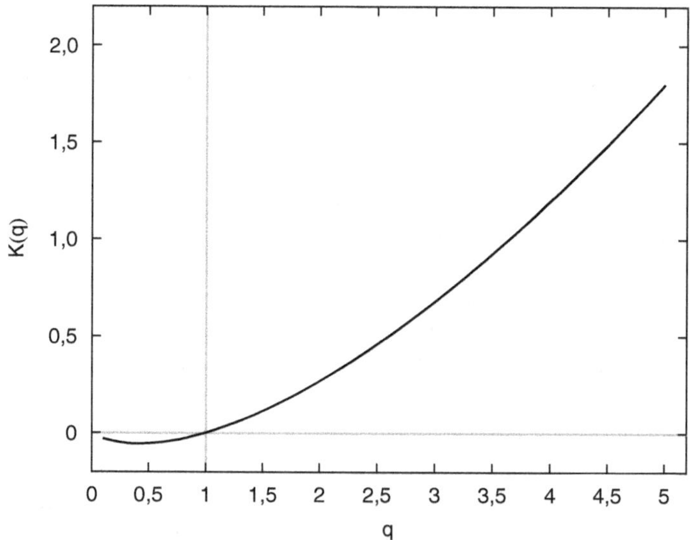

Figure 1.6. Forme de la fonction $K(q)$ théorique.

L'hypothèse de conservation sera évoquée plus loin (p. 24). Les développements théoriques autour de la transformation de Legendre sont décrits dans Frish et Parisi (1985) et Schertzer et Lovejoy (1993, pp. 33-36). L'intérêt pratique de la transformation de Legendre est d'établir une correspondance simple entre moments statistiques et probabilité, qui peut être utilisée de multiples façons dans l'analyse des données. Par exemple, il est possible de n'utiliser qu'un des deux aspects pour que le champ soit labellisé « multifractal ».

Propriétés générales des multifractales

Une excursion dans la géométrie fractale s'avère nécessaire pour comprendre l'origine du terme multifractal, et pour apprécier toutes les caractéristiques d'un processus multifractal. La dimension fractale d'un objet mesure la façon dont cet objet occupe l'espace. Faisons d'abord l'hypothèse que nous observons un phénomène dans une seule dimension, $D = 1$, et imaginons que nous travaillons sur un ensemble A qui ne couvre pas tout l'espace, à savoir de façon intermittente — par exemple, les intervalles de temps sur lesquels il pleut ou les intervalles de temps sur lesquels le débit est au-dessus d'un certain seuil. Nous pouvons calculer la dimension fractale de A en cherchant à recouvrir l'ensemble, qu'on appellera ici support, par un certain nombre N de segments de longueur λ^{-1}, pour $1 < \lambda < \infty$.

Définition 5. Si le nombre N suit une loi puissance $N(\lambda) \propto \lambda^{D_A}$, avec $D_A < 1$, le support est dit « fractal », et D_A est sa dimension fractale.

Hentschel et Procaccia (1983), Grassberger (1983), Schertzer et Lovejoy (1983) ont pu montrer sur les pluies, qu'en augmentant la valeur du seuil γ pour un processus comme les intensités, que la densité du support se réduit, et qu'il en est de même pour sa dimension fractale. Dans ce cas, une seule dimension fractale ne suffit plus à décrire le phénomène pour toutes les intensités. De cette constatation vient la nécessité de généraliser le concept de fractale en introduisant les multifractales. Le terme multifractale et sa définition n'apparaissent que plus tard (Parisi et Frisch, 1985). La généralisation aux multifractales pour la fonction $K(q)$ des moments statistiques correspond à l'introduction de la notion d'invariance d'échelle multiple qui prend la place de l'invariance d'échelle simple (Schertzer et Lovejoy, 1987 ; Gupta et Waymire, 1990).

Le lien avec la définition 3 d'un processus multifractal, donné par la fonction $c(\gamma)$, se démontre comme suit. Posons comme support $(\bar{\gamma})$ la portion d'espace où la mesure γ est supérieure ou égale à $\bar{\gamma}$. La codimension $c(\gamma)$ du support est définie par :

Définition 6. $c(\gamma) = D - D_A(\gamma)$,

où D est la dimension de l'espace qui contient la mesure ($D = 1$ dans le cas monodimensionnel) et D_A est la dimension fractale du support (γ), fonction de γ.

On écrit enfin :

$$\Pr(\gamma > \bar{\gamma}) = \frac{N(\bar{\gamma})}{N_{\text{tot}}}, \tag{14}$$

où $N(\bar{\gamma})$ est le nombre d'intervalles de l'espace d'observation qui font partie du support $(\bar{\gamma})$ et N_{tot} est le nombre total d'intervalles de mesure. D'après la définition 5, $N(\bar{\gamma}, \lambda) \propto \lambda^{D_A(\bar{\gamma})}$ et $N_{\text{tot}} \propto \lambda^D$.

Finalement :

$$\Pr(\gamma > \bar{\gamma}) = \lambda^{-c(\bar{\gamma})}. \tag{15}$$

Nous retrouvons ainsi la définition de $c(\gamma)$ multifractale, donnée par l'équation (6), et comprenons l'origine du nom donné à la fonction $c(\gamma)$. Le caractère fractal des singularités est lié naturellement à une forte variabilité des observations, qui sont distribuées sur un espace « non-uniforme », avec des supports morcelés.

Pour conclure la description générale des séries ou des champs multifractals, on dira que le formalisme multifractal décrit une série ou un champ irrégulier au moyen de deux fonctions $c(\gamma)$ et $K(q)$, présentées page 7 et suivantes, qui contiennent l'information sur la distribution de probabilité du processus sur toute une gamme d'échelles. Ces fonctions caractéristiques ont fait l'objet d'une attention particulière dans le cas de phénomènes ponctuels obéissant à un type particulier de processus, dit « à cascades multiplicatives », introduit par Yaglom (1966), *cf.* p.21.

Multifractales et extrêmes

Nous allons montrer dans les paragraphes qui suivent que les fonctions empiriques $K(q)$ et $c(\gamma)$ peuvent s'écarter des formes théoriques générales représentées en figures 1.4 et 1.6, et cela même si la série présente des propriétés d'invariance d'échelle. Il se peut que la fonction empirique $K(q)$, théoriquement convexe, et son pendant $c(\gamma)$, également théoriquement convexe, deviennent linéaires au-delà d'un seuil spécifique à la série. Ce comportement, connu sous le nom de transition de phase multifractale, a des implications dans l'analyse des valeurs extrêmes. Deux genres de transition de phase multifractale sont possibles, dont deux phénomènes différents sont à l'origine : la divergence des moments statistiques et la taille de l'échantillon. L'existence de ces phases de transition a des implications fortes en hydrologie quant à l'estimation de quantiles extrêmes ; notamment, une forme linéaire de $c(\gamma)$ correspond à une chute algébrique de la loi de probabilité.

La divergence des moments

La forte variabilité des processus aux petites échelles par rapport aux grandes échelles, que l'on peut apprécier sur la figure 1.1, peut conduire à la divergence des moments d'ordre q plus grands qu'une valeur q_D :

$$E(\varepsilon_\lambda^q) \to \infty, \tag{16}$$

où q_D est l'ordre de divergence des moments. La divergence des moments est due à la grande variabilité de la mesure aux petites échelles.

Quand nous mesurons un processus, nous pouvons soupçonner que les observations sont effectuées à une résolution λ qui n'est pas la résolution à laquelle le phénomène exprime toute sa variabilité. En effet, si nous descendions à une échelle encore plus fine, nous pourrions peut-être observer une variabilité plus forte. En hydrologie, les exemples sont nombreux, le débit annuel est un lissage du débit instantané, le cumul de pluie horaire donne la quantité de gouttes tombées de façon discontinue pendant une heure, de même que l'humidité du sol, les caractéristiques géologiques, l'usage du sol, le réseau fluvial... ne sont que des descriptions lissées de la réalité.

Intuitivement, nous pouvons supposer que ce que nous observons à l'échelle λ est un processus lissé de ce qui aurait pu être observé à plus petite résolution $\Lambda > \lambda$. En poursuivant le raisonnement dans un cadre multifractal jusqu'aux échelles infiniment petites, nous devrions accéder à des singularités infinies pour $\lambda \to \infty$, ou observer la divergence des moments plus élevés. Les moments empiriques peuvent bien entendu toujours être calculés sur l'échantillon, mais les moments théoriques n'existent pas. Cela se traduit, d'un point de vue pratique, par des moments d'ordre q supérieur à q_D qui continuent à croître après ajout de nouvelles données. Ils peuvent augmenter jusqu'à l'infini et suivre le comportement prédit par l'équation (16). Ainsi, la fonction $K(q)$ théorique prendra une forme du type $K(q) = \infty$ pour $q > q_D$. D'après la transformée de Legendre, équation (11), on obtient que, pour $q > q_D$, la fonction empirique $K(q)$ que l'on pourra calculer sera $K(q) = q\gamma_{\max} - c(\gamma_{\max})$. On a donc, pour $q > q_D$, une fonction $K(q)$ qui augmente avec une vitesse $\gamma_{\max}$, en fonction de l'ordre du moment q, et qui prend une forme linéaire du type :

$$K(q) = \gamma_{\max}(q - q_D) + K(q_D), \text{ pour } q > q_D. \tag{17}$$

En suivant la transformée de Legendre, équations (11) et (12), qui lie les fonctions $c(\gamma)$ et $K(q)$, on voit que la fonction $c(\gamma)$ empirique ne sera plus strictement convexe, et qu'elle devient linéaire pour $\gamma > \gamma_D$:

$$c(\gamma) = q_D(\gamma - \gamma_D) + c(\gamma_D), \text{ pour } \gamma > \gamma_D. \tag{18}$$

La pente de la courbe $c(\gamma)$ est égale à q_D, l'ordre de divergence des moments. La figure 1.7c et d illustre ce cas. Pour mieux apprécier ce phénomène, nous rappelons que ce résultat est bien connu dans la statistique traditionnelle. En hydrologie, la distribution de Pareto généralisée est souvent utilisée :

$$1 - F(x) = \Pr(X > x) = \left(1 + \frac{\kappa(x - b)}{a}\right)^{-1/\kappa}. \tag{19}$$

Elle est caractérisée par une fonction de répartition qui présente une chute à loi de puissance pour une valeur du paramètre $\kappa > 0$. On montre facilement, en utilisant la transformation de Mellin, équation (8), que le moment d'ordre $q > \dfrac{1}{\kappa}$ n'existe pas, car l'intégrale diverge. Dans ce cas, $q_D = \dfrac{1}{\kappa}$.

En hydrologie, le choix entre une loi puissance à moments divergents et une loi traditionnelle à moments convergents (exponentielle, par exemple) n'est pas aisé, faute de séries assez longues pour bien apprécier le comportement asymptotique. L'estimation de la fréquence et de l'intensité des phénomènes extrêmes dépend fortement de la loi statistique choisie. L'examen de l'ordre de divergence peut apporter des éléments complémentaires et renforcer le choix d'une loi au détriment d'une autre. Sur ces considérations, Hubert *et al.* (1993) et Bendjoudi *et al.* (1997) ont donné une interprétation multifractale des courbes intensité-durée-fréquence des précipitations. En outre, l'idée que la loi de probabilité des extrêmes puisse avoir des caractéristiques aux petites échelles est présente aussi dans la théorie de la *Self-Organized Criticality* (Bak, 1997). La transition de phase engendrée par la divergence des moments statistiques est décrite en détail par Schertzer et Lovejoy (1992).

Effet de la taille de l'échantillon

La divergence des moments est une propriété qui s'observe pour les singularités $\gamma > \gamma_D$. Cette transition de phase ne peut être détectée que si la taille de l'échantillon est suffisamment grande pour observer de telles singularités. Pour un échantillon de taille finie, tiré d'une population caractérisée par une fonction de codimension $c(\gamma)$, il existe une singularité maximale théoriquement observable γ_s. La fonction $c(\gamma)$ théorique sera donc bornée dans sa partie supérieure par $c(\gamma_s)$. La dimension fractale liée à cette singularité sera donc $D(\gamma_s) = 0$ et sa codimension $c(\gamma_s) = D$, la dimension de l'espace sur lequel on observe le phénomène. Dans ce cas, la fonction $c(\gamma)$ reste convexe jusqu'aux dernières valeurs extrêmes (*cf.* figure 1.7a et b).

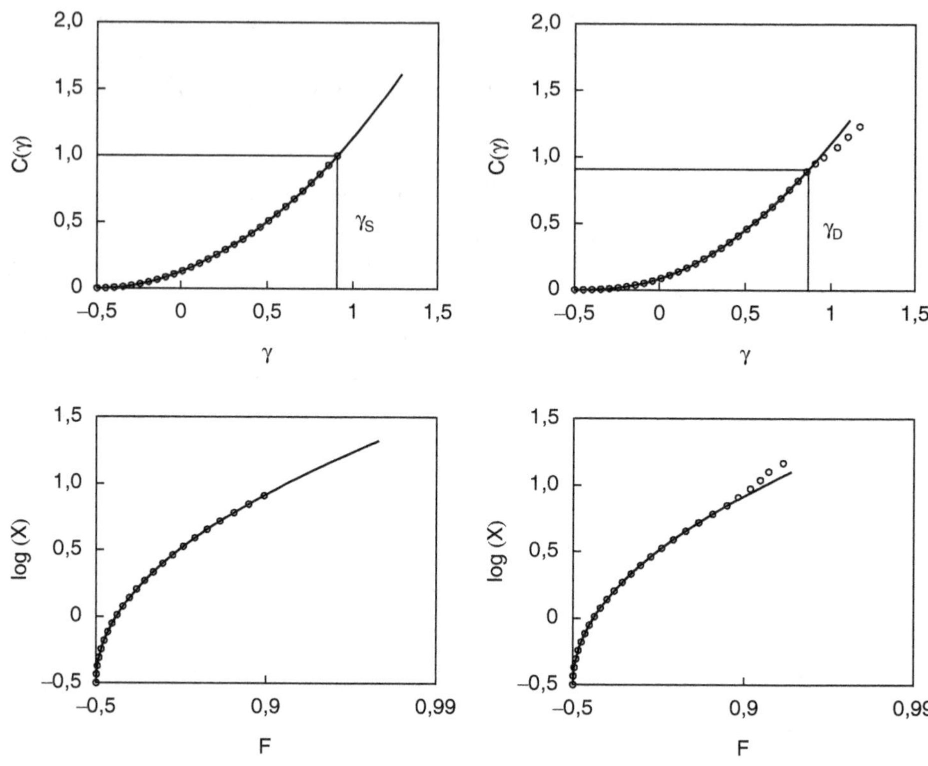

Figure 1.7. Comparaison entre la fonction $c(\gamma)$ théorique (trait continu) et les observations (point). À gauche (a), on observe la fonction de codimension bornée par la codimension maximale γ_s et (b) la fonction de répartition relative au même cas représentée dans un repère log-log. À droite, (c) la fonction de codimension devient linéaire dans un repère log-log, du fait de la divergence des moments. En bas (d), dans un repère log-log, la même configuration perçue au travers de $F(x)$ et des observations.

La fonction $K(q)$, du fait que la fonction de codimension $c(\gamma)$ est bornée, sera en revanche linéaire, selon la transformée de Legendre, équation (11), d'après le même raisonnement que pour l'équation (17) :

$$K(q) = \gamma_s(q - q_s) + K(q_s), \text{ pour } q > q_s. \tag{20}$$

Il est important de noter qu'à un comportement linéaire de la fonction $K(q)$ peut correspondre deux formes différentes de la fonction $c(\gamma)$. Nous verrons qu'il est possible, en application d'un modèle multifractal, d'estimer la valeur γ_s liée au moment d'ordre q_s par l'équation (13), en fonction des paramètres du modèle. Ceci nous permettra d'interpréter l'apparition d'un événement extrême γ_e, en le considérant comme « singulier » si $\gamma_e > \gamma_s$.

Dans le cadre d'une étude probabiliste classique, l'interprétation fréquentielle d'un événement extrême se produisant sur une courte période d'observation est délicate. Ce type de valeur « singulière » (ou *outlier*) ne peut facilement être intégré au reste de l'échantillon, du fait qu'il biaise fortement l'estimation des propriétés statistiques de l'échantillon. La solution consiste soit à l'écarter (avec une procédure adaptée de détection d'*outliers*), soit à l'intégrer dans un cadre d'analyse plus large (extension du cadre chronologique par analyse historique, ou extension du cadre spatial par analyse régionale).

Diagnostic sur la présence de valeurs extrêmes

Nous constatons que deux raisons peuvent engendrer le comportement linéaire de la fonction des moments. L'une ou l'autre est pertinente selon que la taille finie de l'échantillon a un effet drastique ou non, au-delà si la taille finie de l'échantillon cache ou pas le phénomène de divergence des moments. Ainsi, pour pouvoir observer la chute algébrique de la fonction de probabilité, il faut que des singularités $\gamma > \gamma_D$ soient visibles sur l'échantillon, ou que l'on ait l'inégalité $q_D > q_s$. Cette caractéristique sera éventuellement masquée si on observe $\gamma_s < \gamma_D$ ou $q_s < q_D$.

Présentation des modèles de cascades multiplicatives

Les modèles en cascade multiplicative sont des structures de dépendance entre échelles successives, qui retranscrivent simplement les propriétés multifractales de la distribution des observations. Ces modèles ont été développés dans le domaine de la turbulence, où Richardson (1922) imaginait une structure d'échelle pour le champ des vitesses, avec des structures de plus en plus petites imbriquées dans des structures similaires, mais plus grandes. Kolmogorov (1941) comprit que la quantité à conserver et à passer d'une échelle à l'autre, dans le cas de la turbulence, devait être le flux d'énergie. C'est Yaglom (1966) qui le premier a introduit un modèle de cascade multiplicative. Aujourd'hui, plusieurs versions de modèles des cascades multiplicative existent (*cf.* Schertzer et Lovejoy, 1993).

Les modèles des cascades multiplicatives sont conçus pour générer des séries ou des champs dits « conservatifs ». Pour cette raison, la notion de champ conservatif est devenue très importante dans la théorie multifractale. Nous introduirons cette notion plus loin (*cf.* p.24). Nous verrons dans cette partie comment toutes les propriétés définies pour les séries multifractales émergent grâce à un modèle de cascades multiplicatives. Le but est à la fois opérationnel et physique ; opérationnel, car le modèle de cascades est utilisé pour reproduire la variabilité des séries qui révèlent des caractères multifractals et qui ne sont pas facilement modélisables autrement ; physique, car le modèle proposé n'étant pas seulement statistique, il suppose la conservation d'une mesure — donc une hypothèse sur la physique — à la base du phénomène observé.

Prenons un exemple concret pour en comprendre les mécanismes et les hypothèses sous-jacents. La figure 1.1 représente une même série de mesure de débit observé à différentes échelles ou pas de temps : de 256 jours jusqu'à 1 jour. Cette succession peut être interprétée comme une cascade où chaque débit moyen mesuré à un instant donné se partage dans les deux pas de temps plus fins. Dans cet exemple, les débits moyens sont répartis sur deux pas de temps inférieurs. Ce nombre peut être quelconque, ce qui importe étant la manière dont s'effectue le partage entre les éléments de l'échelle plus réduite. Le passage direct de la série mesurée au pas de temps de 8 jours au pas de temps de 1 jour impliquerait, par exemple, la répartition des débits en 8 sous-pas de temps.

Description générale

Nous noterons T l'échelle intégrale, ε_1 la mesure à répartir sur des pas de temps inférieurs à T, T_λ l'échelle de temps correspondant au rapport d'échelle λ, et $\sigma_{\lambda,i}$ des variables aléatoires appelées aussi générateurs du modèle de cascade. Chaque valeur $\sigma_{\lambda,i}$ représente une réalisation d'une variable aléatoire à l'échelle T. La figure 1.8 illustre un simple schéma de cascade multiplicative.

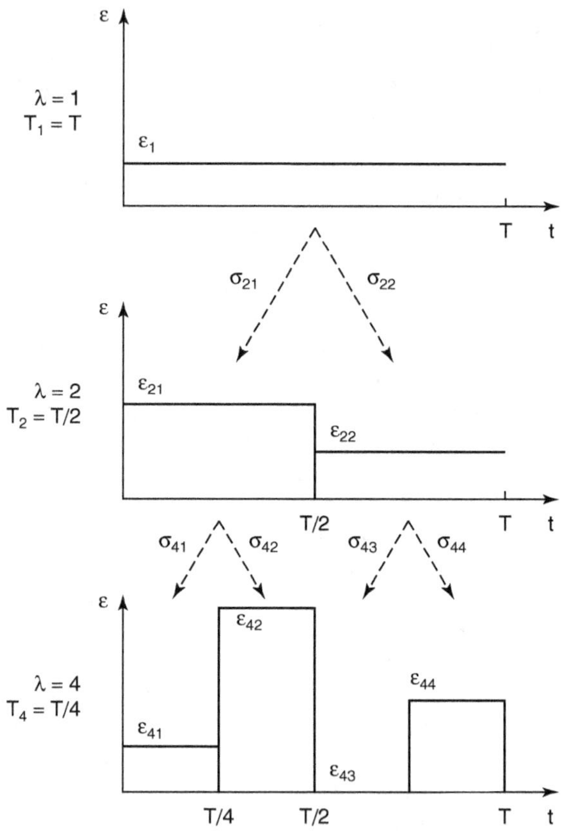

Figure 1.8. Schéma d'une cascade multiplicative sur deux niveaux de désagrégation.

Pour $\lambda = 2$, nous aurons deux pas de temps de longueur $T_2 = \dfrac{T}{2}$ et deux mesures dont les valeurs sont respectivement :

$$\begin{cases} \varepsilon_{21} = \sigma_{21}\varepsilon_1 \\ \varepsilon_{22} = \sigma_{22}\varepsilon_1 \end{cases}. \tag{21}$$

De la même manière, pour $\lambda = 4$, les intensités ε_{21} et ε_{22} sont réparties en deux pour obtenir quatre pas de temps de longueur $T_4 = \dfrac{T}{4}$. Les intensités correspondantes sont alors :

$$\begin{cases} \varepsilon_{41} = \sigma_{41}\sigma_{21}\varepsilon_1 \\ \varepsilon_{42} = \sigma_{42}\sigma_{21}\varepsilon_1 \\ \varepsilon_{43} = \sigma_{43}\sigma_{22}\varepsilon_1 \\ \varepsilon_{44} = \sigma_{44}\sigma_{22}\varepsilon_1 \end{cases}. \tag{22}$$

Au niveau de désagrégation n, nous obtenons $\lambda = 2^n$, pas de temps de longueur $T_\lambda = \dfrac{T}{\lambda}$, avec des intensités correspondantes de :

$$\varepsilon_{\lambda, i} = \varepsilon_1 \prod_{i, \log_2 \lambda} \sigma_{\lambda, i}. \tag{23}$$

Le réalisme des cascades dépendra du choix de la loi régissant les poids $\sigma_{\lambda, i}$. Cette loi peut être déterministe ou stochastique. Les paramètres de la loi régissant les poids peuvent dépendre de la valeur de la mesure ε à répartir, de l'échelle ou du niveau de désagrégation de la cascade. Dans le cas d'un modèle stochastique, le choix le plus simple est de prendre des valeurs $\sigma_{\lambda, i}$ indépendantes. Parmi toutes ces possibilités, les modèles stochastiques ont reçu une attention particulière. Les $\sigma_{\lambda, i}$ sont considérés comme indépendants, et suivent une loi de probabilité identique, quel que soit le niveau de la cascade — les poids $\sigma_{\lambda, i}$ sont des variables i.i.d (indépendantes et identiquement distribuées). Les modèles de cascades multiplicatives à variables $\sigma_{\lambda, i}$ indépendantes et identiquement distribuées génèrent des séries conservatives (*cf.* page suivante). Il faut noter qu'un grand nombre de résultats analytiques du cadre multifractal ont été établis sur les séries issues des cascades multiplicatives. La lecture de Mouhous (2003) est conseillée pour obtenir des détails sur les propriétés statistiques des cascades multiplicatives i.i.d. appliquées à l'hydrologie.

Propriétés des séries générées par une cascade multiplicative

Les modèles de cascades multiplicatives produisent des séries de données qui possèdent les propriétés classiques des processus multifractals (Schertzer et Lovejoy, 1993) :
– les moments d'ordre q s'écrivent comme une fonction puissance de l'échelle λ. Ils vérifient l'équation (9) ;
– les singularités γ, obtenues en désagrégeant la mesure selon une cascade multiplicative, suivent une loi de probabilité décrite par l'équation (5).

Les modèles de cascades multiplicatives peuvent aussi générer des séries caractérisées par la divergence des moments. Pour ce faire, introduisons les concepts de cascades canoniques et habillées.

Définition 7. Une cascade est dite micro-canonique si, pour chaque niveau λ de la cascade, $\dfrac{\sigma_{\lambda, i} + \sigma_{\lambda, i+1}}{2} = 1$. Les moyennes des poids deux à deux sont égales à 1.

Définition 8. Si les variables $\sigma_{\lambda, i}$ sont choisies de façon qu'à cette résolution, λ, la moyenne de l'ensemble des réalisations de la variable en question est égale à l'unité, donc que $E(\sigma_{\lambda, i}) = 1$, alors la cascade est dite canonique.

Les cascades micro-canoniques ne reproduisent pas la divergence des moments statistiques de la série. En revanche, les cascades canoniques peuvent générer des séries dont les moments divergent. Schertzer et Lovejoy (1993) proposent une démonstration de ces propriétés.

Une autre distinction se fait lors de la construction du modèle de cascade.

Définition 9. Les cascades basées sur la désagrégation des mesures des pas de temps larges aux petits pas de temps sont appelées cascades nues.

Définition 10. Si une autre trajectoire est choisie, en descendant jusqu'à l'échelle $\Lambda > \lambda$, puis en remontant jusqu'à λ, on habille la cascade. Les cascades conçues sur ce parcours sont dites habillées.

Quand on désagrège les mesures de l'échelle $\lambda = 1$ à l'échelle λ (cascade nue), la divergence des moments n'est jamais atteinte, et la variabilité des singularités est prédite de manière exacte par le jeu des poids appliqué. Mais, en poursuivant le raisonnement pour $\lambda \to \infty$, on arrive à des singularités infinies. Cette propriété est connue comme nature singulière des petites échelles ; c'est d'ailleurs de là qu'est issu le terme de singularités. Quand on fait la moyenne des singularités très grandes, en habillant la cascade, on fait également la moyenne de leurs valeurs extrêmes. La divergence des moments créée par les singularités qui tendent vers l'infini n'étant pas effacée, mais seulement moyennée, elle reste comme une signature dans les données. Pour davantage de détails sur cette propriété des cascades, on se reportera à Schertzer et Lovejoy (1987).

La divergence des moments fait partie des propriétés d'une série générée par le modèle des cascades multiplicatives, à condition qu'on aille jusqu'aux petites échelles ou qu'on habille la cascade, et que la cascade soit canonique. Cette nature singulière des petites échelles est une caractéristique très intéressante à modéliser en géophysique, où l'on est amené à lisser les processus naturels.

Commentaire sur les champs conservatifs et non-conservatifs

Nous avons indiqué précédemment que les champs générés par des cascades multiplicatives sont des champs conservatifs. Nous en donnons maintenant la définition, puis nous en indiquons l'intérêt pratique et l'alternative possible en présence de champs non-conservatifs.

Définition 11. Un champ est dit conservatif si, $\forall \lambda$, $E(\varepsilon_\lambda) = \text{cte}$.

Quand on agrège les données selon les procédures décrites précédemment (*cf.* p. 7), l'hypothèse de champ conservatif est implicitement admise, puisque nous contraignons la moyenne du signal à être la même à toutes les échelles. Les deux fonctions $K(q)$ et $c(\gamma)$ déterminées à partir de données agrégées présenteront par conséquent des biais. L'hypothèse de conservation, selon la définition 11, doit donc être vérifiée avant de construire les fonctions $K(q)$ et $c(\gamma)$ par agrégations successives du signal à la petite échelle.

Dans un contexte non-conservatif plus général, la variation de la moyenne du phénomène en fonction de l'échelle est décrite par :

$$E(\varepsilon_\lambda) \propto \lambda^{-H}. \tag{24}$$

Le processus est donc conservatif pour $H = 0$. Une estimation préliminaire de H est nécessaire pour pouvoir établir si le processus analysé est conservatif. Dans ce cas, et seulement dans ce cas, la procédure d'agrégation par moyenne sans recouvrement ne perturbe pas l'identification des propriétés d'échelle estimée pour la série, et on peut caler facilement les fonctions de codimension et des moments. Une manière d'approcher H se fonde sur le spectre de Fourier. Sous réserve de propriétés d'invariance d'échelle, H est lié à l'exposant du spectre β introduit dans l'équation (10), ainsi qu'à l'exposant de la loi d'échelle du moment d'ordre deux $K(2)$, par l'équation suivante :

$$H = \frac{\beta - 1 + K(2)}{2}. \qquad (25)$$

De Lima (1998) donne les fondements théoriques sur l'origine de cette relation. Il est facile d'estimer H en utilisant les propriétés d'ordre deux de la série. Une conséquence immédiate est que $\beta < 1$ pour un processus conservatif (Malamude et Turcotte, 1999).

Lorsque le processus est non-conservatif, il faut au préalable, pour obtenir une estimation non biaisée des paramètres, manipuler une série transformée des données initiales — bien entendue conservative. Différentes techniques existent pour isoler la partie conservative d'un processus non-conservatif. Les plus connues d'entre elles sont la différenciation fractionnaire, qui diminue la valeur de H de la série, et son opération inverse, l'intégration fractionnaire, qui augmente la valeur de H de la série. Nous donnons en annexe (*cf.* p. 53) les principes généraux de ces techniques.

En hydrologie, les analyses des séries de pluies montrent, en général, des caractéristiques de conservation (De Lima, 1988). En revanche, les débits sont caractérisés par une valeur non nulle du paramètre H (Tessier *et al.*, 1996 ; Pandey *et al.*, 1998). Ils peuvent dans ce cas être modélisés par une cascade multiplicative, suivie par une intégration fractionnaire, qui permet de transformer la série conservative en une série non-conservative aux caractéristiques souhaitées. En pratique, ces opérations demeurent cependant difficiles à mettre en œuvre.

Dans le domaine de la turbulence, Kolmogorov (1941) fut le premier à avancer l'hypothèse que le processus conservatif à la base des champs de vitesse turbulents était le flux d'énergie. Le champ conservatif à l'origine des processus des débits n'a pas encore été mis en évidence. Le lien entre intégration fractionnaire et convolution (*cf.* transformation pluie-débit), explicité en annexe (*cf.* p. 53), pourrait expliquer cette différence de comportement entre les pluies et les débits. Cette question est, en hydrologie, un des défis scientifiques à relever dans le domaine de la théorie des multifractales. Sa résolution pourrait aider à mieux représenter la complexité des phénomènes hydrologiques de façon synthétique, multi-échelle et fondée sur des concepts physiques. La différence principale, par rapport à la turbulence, est qu'on ne peut pas s'appuyer sur des équations aux dérivées partielles qui lient les pluies et le débit à d'autres phénomènes, et qui orienteraient sur le processus conservatif sous-jacent.

Le modèle multifractal universel

On a vu que les cascades multiplicatives produisent des séries et des champs multifractals. Les cascades multiplicatives ne sont pas le seul moyen pour reproduire des champs et des séries multifractals. Ainsi, des attracteurs géométriques multifractals ont été trouvés comme attracteurs de systèmes chaotiques (Halsey *et al.*, 1986), et les premières définitions de multifractales géométriques ne considéraient ni les cascades ni un espace de probabilité (Parisi et Frish, 1985). Mandelbrot (1998) a montré qu'une transformation non-linéaire d'un champ gaussien donne lieu à des champs multifractals. Des formalismes différents ont été utilisés pour décrire le même concept de champ multifractal (Feder, 1988). Schertzer et Lovejoy (1993) montrent les liens entre ces différentes modélisations.

D'après les modèles de cascades, on peut directement tirer des formes paramétriques des fonctions $K(q)$ et $c(\gamma)$, dont les paramètres à caler sur les données ont une signification physique. On en déduit les lois de probabilité des poids. La seule contrainte sur les fonctions $K(q)$ et $c(\gamma)$ est leur convexité. Le nombre de paramètres à utiliser pour les décrire est a priori infini. Mais, en fonction de la loi de probabilité utilisée pour générer les poids, on observera différentes formes paramétriques de la fonction $K(q)$. Mouhous (2003) donne une liste de choix possibles pour la génération des poids et la paramétrisation de la fonction $K(q)$ qui en découle.

Parmi les lois de probabilité possibles pour la génération des poids, la loi de Lévy a montré une certaine « universalité ». Le théorème central limite généralisée stipule qu'une somme de lois de probabilité, sans contrainte de variance finie, converge vers une distribution de Lévy. Il constitue une généralisation du théorème central limite, valable uniquement pour les lois de probabilité caractérisées par variance finie.

Schertzer et Lovejoy (1987) ont proposé un modèle à deux paramètres, qui est un attracteur universel sous des conditions assez générales (Schertzer et Lovejoy, 1997), pour des processus générés par une cascade multiplicative dont le logarithme des poids $\sigma_{\lambda,i}$ suit une loi de Lévy. En ajoutant un paramètre supplémentaire H, le modèle s'applique également aux processus non-conservatifs. Pour cette raison, le modèle a été appelé universel (*cf.* Schertzer et Lovejoy, 1993, pour une description complète). Il a été utilisé pour l'analyse des pluies et des débits (De Lima, 1998 ; Pandey *et al.*, 1998 ; Tessier *et al.*, 1996).

Le modèle multifractal universel propose une forme paramétrique des deux fonctions $K(q)$ et $c(\gamma)$, la fonction $c(\gamma)$ comprenant trois paramètres :

$$c(\gamma + H) = \begin{cases} C_1\left(\dfrac{\gamma}{C_1\alpha'} + \dfrac{1}{\alpha}\right)^{\alpha'} & \alpha \neq 1 \\[2ex] C_1\exp\left(\dfrac{\gamma}{C_1} - 1\right) & \alpha = 1 \end{cases}, \tag{26}$$

avec la condition :

$$\frac{1}{\alpha} + \frac{1}{\alpha'} = 1. \tag{27}$$

La fonction des moments statistiques s'appuie sur les mêmes paramètres. En effet, en substituant l'équation (11) dans la forme paramétrée de la fonction $c(\gamma)$ de l'équation (26), il vient :

$$K(q) - qH = \begin{cases} \dfrac{C_1}{\alpha - 1}(q^\alpha - q) & \alpha \neq 1 \\[2ex] C_1 q\log(q) & \alpha = 1 \end{cases}. \tag{28}$$

Les paramètres α, C_1 et H sont appelés paramètres universels. Ils ont une signification géométrique et une signification statistique :

– $C_1 \geq 0$ est la codimension de la singularité de la moyenne du phénomène. Il mesure l'hétérogénéité moyenne du signal. Le phénomène est homogène pour $C_1 = 0$. Plus C_1 augmente (codimension grande), plus la singularité de la moyenne du phénomène est dispersée. On observe donc un phénomène qui dépasse rarement sa moyenne, mais il peut le faire de façon extrêmement forte. Pour $C_1 \geq D$, où D représente la dimension de l'espace dans lequel le phénomène est plongé, le phénomène dégénère : après de grandes fluctuations et un certain nombre d'étapes de cascade, il converge vers 0 ;

– α représente le degré de multifractalité et définit l'écart à la monofractalité. La valeur de α est comprise entre 0 et 2. En particulier, si $\alpha = 0$, on observe un processus monofractal ou une invariance d'échelle simple. Le cas $\alpha = 2$ correspond au maximum de multifractalité pour un modèle improprement dénommé lognormal ;

– H est le paramètre qui quantifie la déviation du phénomène vis-à-vis d'un processus conservatif. Des valeurs de H proches de zéro indiquent que le processus est presque conservatif.

Schertzer et Lovejoy (1993) donnent des exemples de séries simulées pour différentes valeurs de α, C_1 et H, qui permettent d'apprécier l'effet de la variation de ces paramètres.

Commentaire sur l'estimation des paramètres multifractals universels

La première étape pour une estimation correcte des paramètres universels est le calcul de H par analyse spectrale (p. 24). Dans le cas où $H \neq 0$, le champ est non-conservatif, et une procédure de différenciation fractionnaire (*cf.* annexe p. 53) est engagée pour isoler la partie conservative du processus analysé : c'est sur cette dernière que seront calculés les paramètres α et C_1 à partir des fonctions $c(\gamma)$ et $K(q)$. La fonction empirique $c(\gamma)$ est déduite de la définition 3, équation (5), avec la probabilité empirique issue de l'échantillon. Lovejoy *et al.* (1987) et Lavallée *et al.* (1991) ont respectivement proposé les méthodes de *functional box-counting* et de *probability distribution multiple scaling* pour l'estimation de la fonction $c(\gamma)$.

La fonction $K(q)$ est estimée en analysant les lois d'échelle des moments d'ordre q, équation (9), avec par exemple, la méthode des *Trace Moments* (Schertzer et Lovejoy, 1987). Plusieurs méthodes existent pour le calage des paramètres du modèle universel à partir des fonctions $c(\gamma)$ et $K(q)$: des méthodes de calage non-linéaires des fonctions $K(q)$ et $c(\gamma)$ empirique ; des méthodes qui exploitent les propriétés géométriques des deux fonctions ; la méthode des *Double Trace Moments*, DTM, introduite par Lavallée (1991). Schertzer et Lovejoy (1993) et De Lima (1998) donnent une revue de ces méthodes.

Dans les applications qui suivent, nous utiliserons une procédure d'estimation des paramètres α et C_1 qui exploite les propriétés géométriques de la fonction $K(q)$.

Le modèle multifractal universel et les extrêmes

Le modèle multifractal universel peut être utilisé pour estimer les moments critiques q_D et q_s introduits page 18 et suivantes. L'estimation du moment q_s va être réalisée à partir du concept d'espace d'échantillonnage D_s, la dimension D_s quantifiant l'extension de l'espace de probabilité exploré. En effet, dans un espace de dimension D à la résolution plus petite, caractérisée par le rapport d'échelle λ, on observe normalement λ^D observations.

Considérons N_s réalisations ou échantillons mis à disposition. Nous observerons $N_s\lambda^D$ observations, ou encore λ^{D+D_s} observations avec :

$$D_s = \frac{\log N_s}{\log \lambda}. \tag{29}$$

Aussi, la série d'échantillons empiriquement observés correspond à une fraction de dimension $D + D_s$ de l'espace de probabilité. Dans le cas d'un échantillon unique, $N_s = 1$, il vient $D_s = 0$, et nous retrouvons λ^D observations. Par exemple, pour une série monodimensionnelle ($D = 1$), avec une résolution $\lambda = 32$ et deux échantillons ($N_s = 2$), on obtient $D_s = 0,2$ et un nombre d'observations $\lambda^{D+D_s} = 64$.

En reprenant le concept de codimension (*cf.* p. 13 et 14), on observe que, dans le cas d'un seul échantillon, la singularité maximale γ_s sera celle dont la dimension fractale du support est $D_A = 0$. Son support consiste en effet en un seul point dans l'espace. Elle est donc caractérisée par $c(\gamma_s) = D$, selon la définition 6. Si l'espace d'échantillonnage augmente, la codimension de la singularité maximale sera caractérisée par :

$$c(\gamma_s) = D + D_s. \tag{30}$$

Les singularités caractérisées par une codimension supérieure à $D + D_s$ ne seront pratiquement pas observables sur l'échantillon. Le moment q_s peut être déduit de l'équation (13) :

$$q_s = \frac{\mathrm{d}c(\gamma_s)}{\mathrm{d}\gamma_s}. \tag{31}$$

Dans le cadre du modèle multifractal universel, où la fonction $c(\gamma)$ est donnée par l'équation (26), la combinaison des équations (30) et (31) donne :

$$q_s = \left(\frac{D + D_s}{C_1}\right)^{1/\alpha}. \tag{32}$$

Nous pouvons ainsi utiliser les paramètres α et C_1 pour estimer le moment q_s. À noter que la valeur de q_s va croître parallèlement à la longueur de l'espace exploré. La singularité maximale γ_s est donc liée au moment q_s par l'équation (31).

Dans le cas où la divergence de moments est le facteur qui limite supérieurement le modèle universel, l'ordre de divergence q_D est la solution de :

$$D = \frac{C_1}{\alpha - 1} \cdot \frac{q_D^\alpha - q_D}{q_D - 1}. \tag{33}$$

Lovejoy et Schertzer (1991) donnent une démonstration de cette relation. La singularité γ_D à laquelle la fonction $c(\gamma)$ devient linéaire est donc liée à q_D par l'équation (13).

La longueur en général réduite des séries temporelles en hydrologie rend parfois impossible l'identification de la chute algébrique de la loi de probabilité prévue par le modèle multifractal. Elle concerne en effet la queue de distribution et elle n'est visible que si $q_D < q_s$. Même si une toute petite partie finale de la queue montre une chute algébrique, une approche probabiliste classique ne nous permettra pas de la paramétrer de manière robuste, faute de données en nombre suffisant. L'alternative consiste alors à utiliser des estimateurs non paramétriques, géométriques, qui exploitent seulement les statistiques d'ordre supérieur à q_D là où elles sont visibles. Ici, en faisant le lien avec le formalisme multifractal, notamment en appliquant le modèle universel, on arrive à prévoir l'ordre de divergence des moments q_D qui donne en même temps un indice de la pente de la loi de puissance de probabilité, mais sans notion d'incertitude associée.

Plusieurs questions restent ouvertes. Quelle est la dimension D de l'espace dans laquelle est plongée une série hydrologique ? Dans le cas de précipitations, faut-il considérer que le phénomène est intermittent, avec une dimension fractale du support $D < 1$, ou qu'il est continu avec $D = 1$? Dans le cas des débits, le phénomène est généralement continu dans le temps, mais il présente une forte variabilité spatiale liée à la structuration des écoulements par le réseau hydrographique. De plus, il est généralement non-conservatif, et la différenciation fractionnaire qui le transforme dans un processus conservatif change la valeur D de l'espace. Quelle est donc la dimension D dans laquelle est plongée une série conservative obtenue par transformation d'une série de débit ? Et quelle variable physique représente-t-elle ? Finalement, comment proprement définir la dimension D_s : est-elle égale à 1 (une seule série chronologique) ou supérieure à 1 (plusieurs réalisations successives du processus, avec, par exemple, les différentes années de la série) ?

Ces questions relèvent encore aujourd'hui du domaine de la recherche ; les réponses apportées permettront de progresser dans la connaissance des lois physiques à l'origine des phénomènes extrêmes.

Tout au long du chapitre 2, nous ferons l'hypothèse simplificatrice $D = 1$ et $D_s = 0$ pour les deux séries étudiées.

Chapitre 2
Application des multifractales à des chroniques de pluie et de débit

Historiquement les premières analyses fractales furent réalisées sur des données de précipitation radar (Lovejoy, 1982), suivies pas des analyses multifractales qui soulignèrent l'impossibilité de décrire le phénomène de pluie par une seule dimension fractale (Schertzer et Lovejoy, 1987). En effet, les variables liées à la turbulence atmosphérique présentent des propriétés multifractales, et la pluie répond plus naturellement à l'hypothèse sous-jacente de processus en cascade. Les propriétés d'invariance d'échelle fractales et multifractales des séries temporelles de pluie ont été retrouvées par plusieurs auteurs qui ont analysé des séries provenant de différentes régions climatiques : de la région de la mousson en Chine (Svensson *et al.*, 1996) aux régions tempérées en Europe et aux États-Unis (Ladoy *et al.*, 1993 ; Tessier *et al.*, 1993, 1996 ; De Lima, 1998 ; De Lima et Grasman, 1999 ; Georgakakos *et al.*, 1994), jusqu'aux régions intertropicales du Burkina Faso (Hubert et Carbonnel, 1991).

Les plages d'échelle analysés vont de quelques secondes (Tessier *et al.*, 1993) à plusieurs dizaines d'années. Plusieurs auteurs ont pu détecter deux plages d'échelle sur lesquelles on observe des propriétés multifractales : la première, de la résolution maximale jusqu'à quelques jours, la seconde pour des résolutions inférieures à quelques jours. La limite précise entre les deux échelles n'est pas claire ; elle varie, selon les régions et les données, entre deux jours (Olsson *et al.*, 1996) et deux à trois semaines (Tessier *et al.*, 1996). Selon Kolesnikov et Monin (1965), deux semaines correspondent précisément au maximum synoptique, durée de vie des structures circulant dans l'atmosphère.

Les séries de pluies ont, en général, montré des propriétés conservatives (De Lima, 1998 ; Tessier *et al.*, 1996 ; Ladoy *et al.*, 1993). Moins souvent, et surtout aux petites échelles, on a rencontré des propriétés non-conservatives (Harris *et al.*, 1996 ; Tessier *et al.*, 1993). Le modèle multifractal universel a souvent été utilisé. Les valeurs des paramètres de ce modèle, pour les séries de pluie, varient pour α entre 0,04 et 1,80, et pour C_1 entre 0,05 et 1, en fonction des différentes plages d'échelle analysées et des différents types de précipitation (Seed, 1989 ; Ladoy *et al.*, 1993 ; Tessier *et al.*, 1993, 1996 ; Harris *et al.*, 1996 ; De Lima, 1998).

Par ailleurs, plusieurs analyses multifractales ont été réalisées en trois dimensions (espace et temps). Les propriétés détectées ont été exploitées pour bâtir plusieurs modèles de génération de champs de pluie (Schertzer et Lovejoy, 1987 ; Gupta et Waymire, 1990, 1993 ; Over et Gupta, 1994, 1996 ; Menabde *et al.*, 1997 ; Schmitt *et al.*, 1998 ; Deidda *et al.*, 1999, parmi d'autres). À partir des propriétés multifractales, Marsan *et al.* (1996) ont proposé des procédures de prévision en temps réel de champs de pluie. Enfin, le comportement des extrêmes des séries a été analysé dans un cadre multifractal. Tous les auteurs cités ont analysé la queue de la distribution de probabilité afin de vérifier l'hypothèse de la divergence des moments d'ordre élevé. Le lien entre la forme empirique des courbes intensité-durée-fréquence et la théorie multifractale a été étudié par Bendjoudi *et al.* (1997) et Veneziano *et al.* (2002).

Le débit, issu d'une transformation complexe des pluies par le bassin versant, constitue aussi une variable potentielle d'étude. Les propriétés d'échelle du réseau hydrographique et du bassin versant, connues depuis Horton (1932), ont récemment été étudiées avec un formalisme fractal par La Barbera et Rosso (1989) et Marani *et al.* (1991). Gupta *et al.* (1996) ont analysé les propriétés d'échelle des débits obtenus à partir d'un réseau fractal et des pluies produites par une cascade multiplicative. Pourtant, la littérature portant sur le caractère multifractal des débits reste moins abondante et plus récente.

Les propriétés multifractales des débits ont été étudiées par Tessier *et al.* (1996), Pandey *et al.*, (1998), Labat *et al.* (2002), Hubert *et al.* (2002), Majone *et al.* (2004), Tchiguirinskaia *et al.* (2004). Le modèle multifractal le plus souvent utilisé est encore aujourd'hui le modèle universel : des valeurs du paramètre α ont été trouvées entre 0,15 et 1,76, et entre 0,10 et 0,26 pour C_1, en fonction des différentes séries analysées. Les résultats sur des données journalières montrent généralement deux plages d'échelle, avec un comportement différent pour les courtes durées — jusqu'à environ deux semaines — et pour les grandes durées. Une autre analyse sur des données horaires remet en cause le résultat précédent et tend à mettre en évidence un lien entre les plages d'échelle et le temps caractéristique du bassin versant (Sauquet *et al.*, 2005).

Nous allons maintenant présenter quelques applications des multifractales à des chroniques de pluie et de débit. L'analyse multifractale se déroulera en plusieurs étapes. La première d'entre elles consiste à vérifier si la série montre des propriétés d'invariance d'échelle, et à identifier les plages d'échelle correspondantes. Viennent ensuite les phases d'estimation des paramètres du modèle multifractal universel et d'interprétation des résultats. Une attention particulière sera portée sur le comportement asymptotique des extrêmes, résumé par les moments critiques.

Données

Le bassin versant de l'Orgeval (107 km^2) se situe en Seine-et-Marne (77), dans un secteur entièrement rural. Il fait l'objet de recherches détaillées en hydrologie, dans le cadre d'un laboratoire expérimental de terrain géré par le Cemagref (http://www.antony.cemagref.fr/qhan/).

Nous exploitons la chronique de débits journaliers au Theil (1962-2004), avec 42 années de mesure (figure 2.1), et la chronique de pluies journalières du poste n° 7 (1963-2001), avec 37 années de mesure et 2 années de lacune en 1994 et 1997 (figure 2.2). Nous avons concaténé les deux portions de série pour en obtenir une qui sera examinée. Ceci ne porte pas à conséquence lors de l'analyse des propriétés d'échelle sur des échelles plus petites que l'année, car les pluies présentent un faible effet saisonnier et sont réputées stationnaires.

Nous poursuivrons avec une série de débits au pas de temps horaire afin d'explorer des pas de temps plus fins. Le bassin cible choisi est celui de la Coise à Larajasse, qui est un affluent de la Loire situé dans le département du Rhône. Au droit de la station de Larajasse, le bassin couvre une surface topographique de 61 km^2. La chronique contient 33 ans de mesures hydrométriques. Les valeurs horaires ont été calculées entre le 1er janvier 1971 et le 31 décembre 2003 (figure 2.3), à partir de la série à pas de temps variable extraite de la banque de données HYDRO (code K0663310). La station est gérée par la Diren Rhône-Alpes.

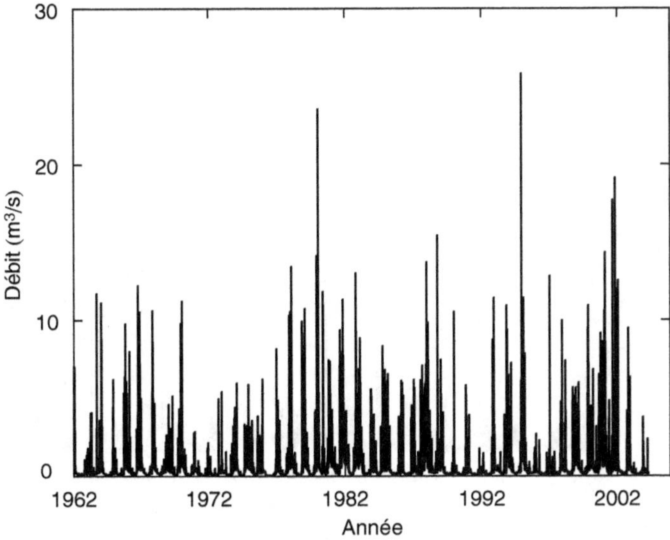

Figure 2.1. Série des débits mesurés sur l'Orgeval à Theil.

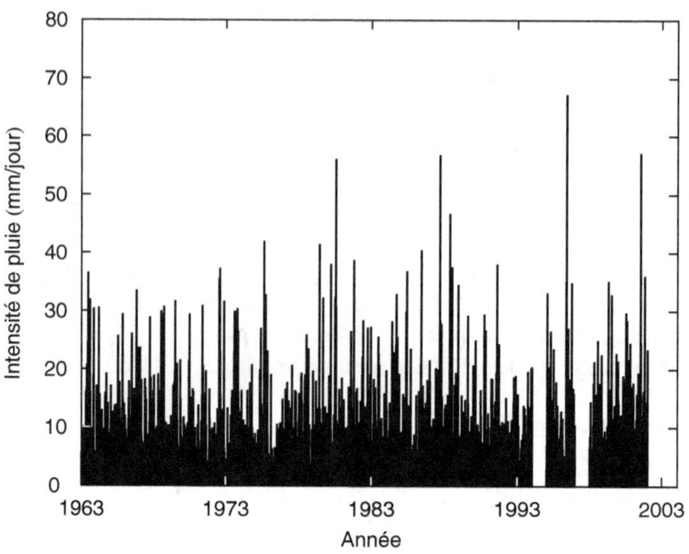

Figure 2.2. Série des pluies mesurées sur le bassin de l'Orgeval.

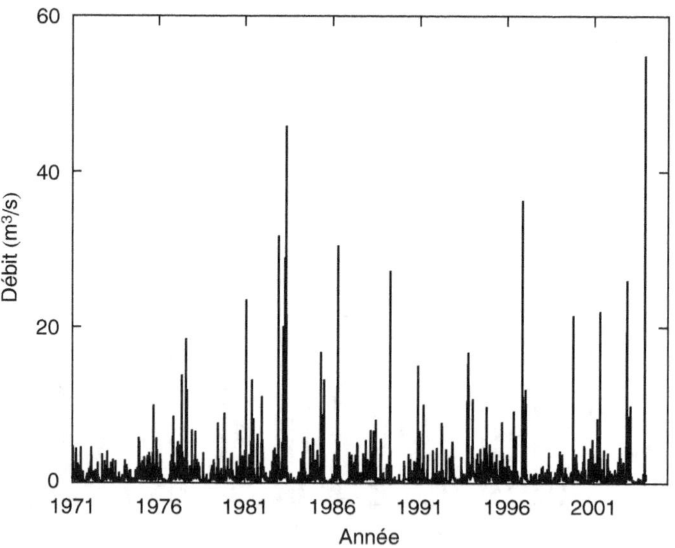

Figure 2.3. Série des débits mesurés sur la Coise à Larajasse.

Analyse multifractale de séries de pluie et de débit

Analyse spectrale

L'analyse spectrale est une technique usuelle de traitement et d'analyse du signal temporel, qui trouve une application dans le cadre multifractal. Nous retenons le spectre d'énergie qui est une représentation des caractéristiques de second ordre de la série dans l'espace des fréquences (*cf.* p. 14). Les propriétés d'échelle du moment d'ordre $q = 2$, décrites dans l'équation (9), se traduisent dans l'espace des fréquences f dans la forme du spectre décrite par l'équation (10) reportée ici :

$$S(f) \propto f^{-\beta}, \tag{34}$$

où S représente l'énergie du spectre, f la fréquence du signal et β l'exposant du spectre.

Le but de l'analyse spectrale est de vérifier :

– si la propriété d'invariance d'échelle existe, au moins en ce qui concerne l'ordre deux, condition nécessaire, mais non suffisante, pour garantir le caractère multifractal de la série ;

– si l'hypothèse de champ conservatif est valable pour la série en question.

En pratique, il s'agit d'isoler les plages d'échelle sur lesquelles cette propriété est identifiée, et de calculer l'exposant du spectre β. Les spectres calculés sur les séries de l'Orgeval sont représentés dans un repère log-log sur les figures 2.4 et 2.5, et celui de la Coise sur la figure 2.6. La loi puissance décrite par l'équation (34) devient une droite sur le repère log-log. La détection de cette loi puissance est bien souvent délicate en raison de la grande variabilité du spectre.

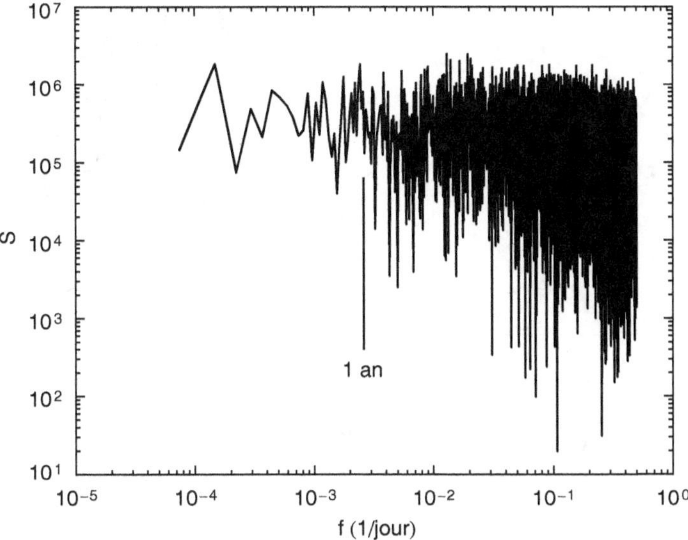

Figure 2.4. Spectre calculé sur la série de pluies journalières sur le bassin de l'Orgeval.

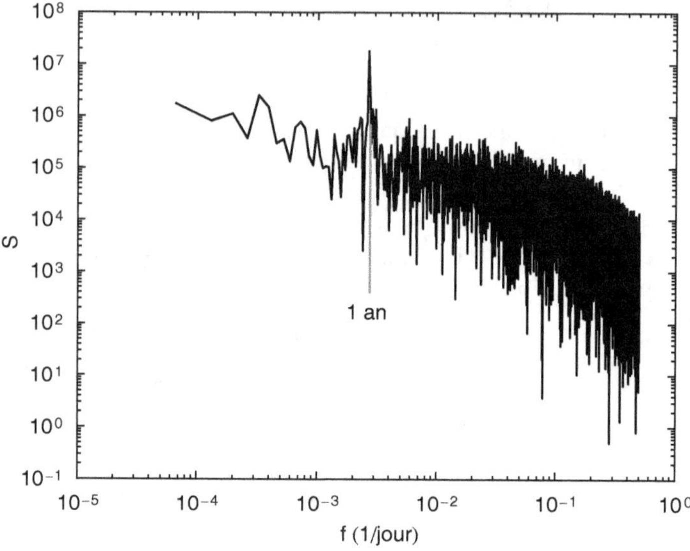

Figure 2.5. Spectre calculé sur la série de débits journaliers de l'Orgeval.

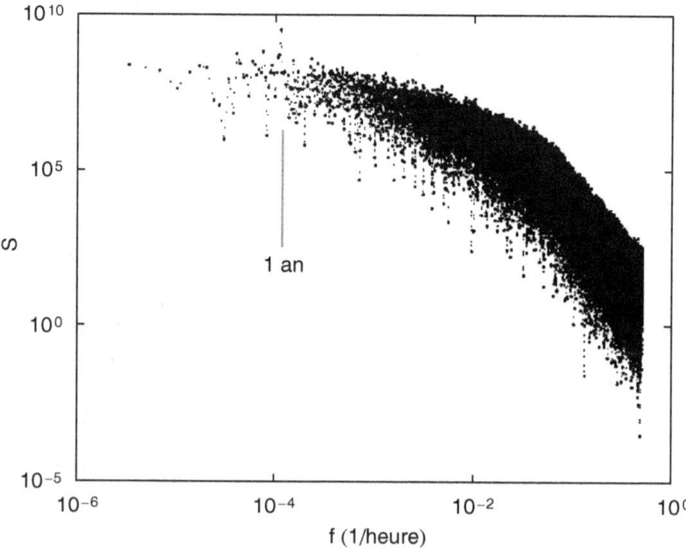

Figure 2.6. Spectre calculé sur la série de débits horaires de la Coise à Larajasse.

Différentes méthodes peuvent être appliquées pour réduire le bruit : nous décidons de découper la série en n morceaux de même longueur $\frac{L}{n}$, où L est la longueur de la série originale, et de calculer le spectre pour chaque morceau. On aura donc n spectres, et on pourra calculer la valeur moyenne relative à chaque fréquence f. Les couples (moyenne, fréquence) formeront le spectre analysé. Il faut toutefois vérifier que les propriétés d'échelle ne changent pas significativement d'un morceau à un autre, signe d'une non-stationnarité dans la série analysée.

La figure 2.7 présente le spectre moyen calculé sur les 37 séquences d'une année chacune, tirées de la totalité de la chronique de pluie. En réduisant la variabilité du spectre, on peut observer un comportement linéaire sur la plage d'échelle entre un jour et un mois, souvent rencontrée en littérature (*cf.* De Lima, 1998). La limite supérieure du domaine n'est pas très nette. Il est toujours possible de mettre en œuvre, au-delà, une procédure de détection automatique de portions linéaires, si on souhaite rendre plus objective la localisation de la rupture ou si un grand nombre de chroniques est à traiter. La plage d'invariance d'échelle analysée s'étend entre un jour et un mois. Elle est caractérisée par un exposant du spectre $\beta = 0,33$ et un coefficient de détermination égal à $R^2 = 0,61$. La deuxième plage d'échelle pourrait se situer entre un mois et un an, mais elle n'apparaît pas nettement sur le graphique.

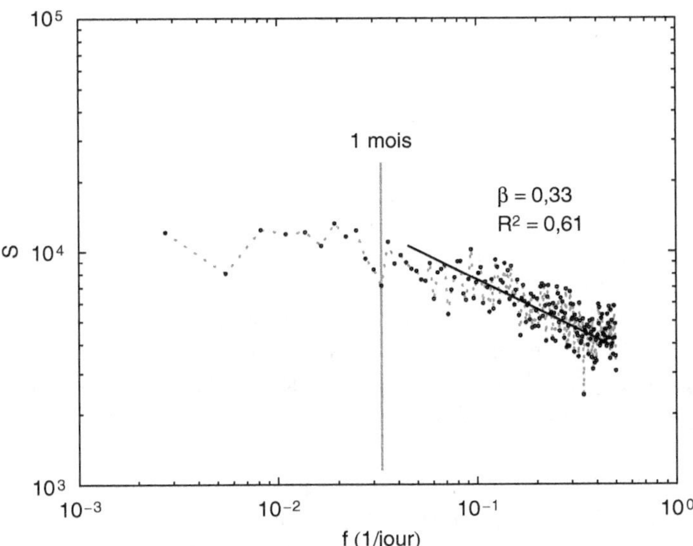

Figure 2.7. Spectre moyen sur 37 morceaux de 1 an de la série des pluies journalières sur le bassin de l'Orgeval.

La figure 2.8 présente le spectre moyen calculé sur 42 séquences de 1 an chacune, selon la même procédure que celle utilisée pour la série des pluies. Elle est relative aux débits. On y distingue encore deux plages d'échelles à comportement linéaire, avec ici une nette rupture du spectre autour de quatre jours environ, qui n'existe pas sur la série des pluies. Nous retenons deux plages d'invariance d'échelle, la première entre un jour et quatre jours, la seconde entre quatre jours et un an. Nous obtenons respectivement les valeurs d'exposant du spectre $\beta = 0,86$ et $2,19$, et un coefficient de détermination $R^2 = 0,93$ et $0,85$. Dans le second cas, $\beta > 1$ et la série n'est pas conservative.

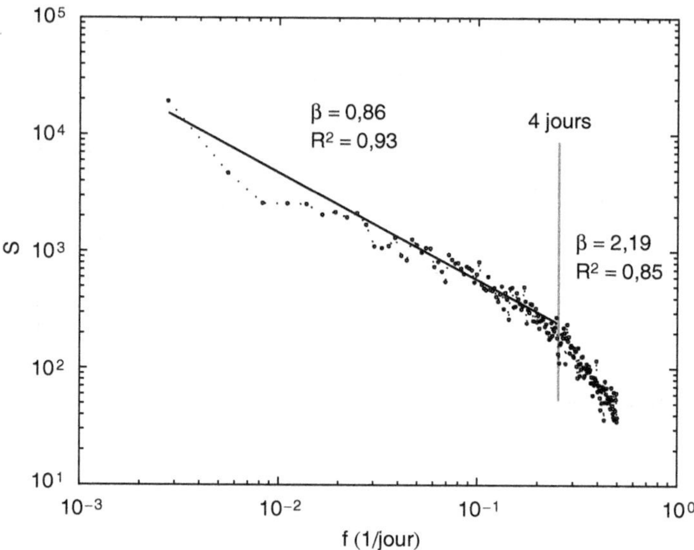

Figure 2.8. Spectre moyen sur 42 morceaux de 1 an de la série des débits journaliers de l'Orgeval.

Enfin, sur la figure 2.9, pour la Coise, avec 33 séquences de 1 an chacune, formant la totalité de la chronique, nous distinguons par analyse graphique deux plages d'échelle. Sur chacune d'entre elles se dessine un comportement linéaire. La pente des droites change nettement pour une fréquence voisine d'un jour. La première plage d'invariance d'échelle, comprise entre cinq jours et un an, est caractérisée par un exposant du spectre $\beta = 0,98$ et un coefficient de détermination $R^2 = 0,98$. La deuxième plage d'échelle, entre deux heures et un jour, a un exposant $\beta = 3,61$. Sur cet exemple nous avons accès à des échelles plus fines et une plage d'invariance apparaît plus nettement sur le spectre vers les fortes fréquences.

La figure 2.10 donne le spectre annuel obtenu sur la série des débits journaliers de la Coise, elle même obtenue à partir d'une agrégation sur 24 h des débits horaires. Sans rentrer dans le détail de l'analyse, on s'aperçoit que les propriétés d'échelle existantes aux petites échelles ne sont pas visibles, alors qu'une deuxième plage d'invariance d'échelle apparaît en figure 2.9 pour les durées inférieures à 1 jour. L'étude des propriétés d'échelle et de leur transformation vers les résolutions plus grandes représente donc un autre motif d'intérêt pour l'application de la théorie multifractale en hydrologie.

Des hypothèses de constance des limites de la plage ont été avancées, qui s'appuient sur la durée de vie des structures atmosphériques vers 2-3 semaines. Plus récemment (Sauquet *et al.*, 2005), une étude sur des bassins français suggère un lien avec le temps caractéristi-

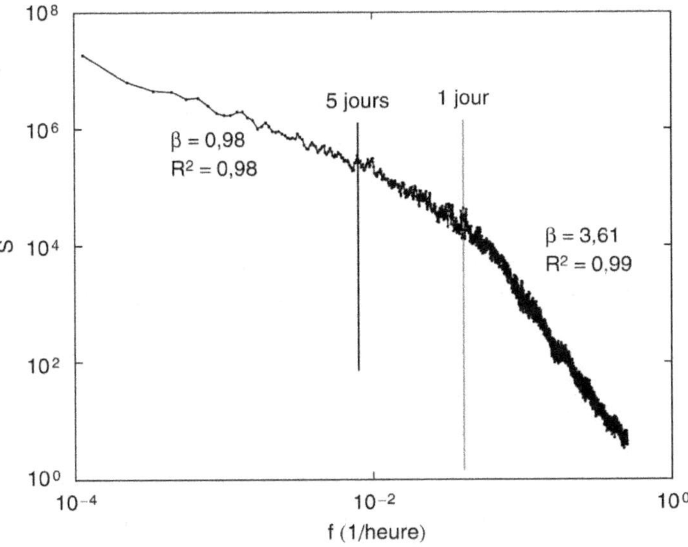

Figure 2.9. Spectre moyen sur 33 morceaux de 1 an de la série de débit horaire de la Coise à Larajasse.

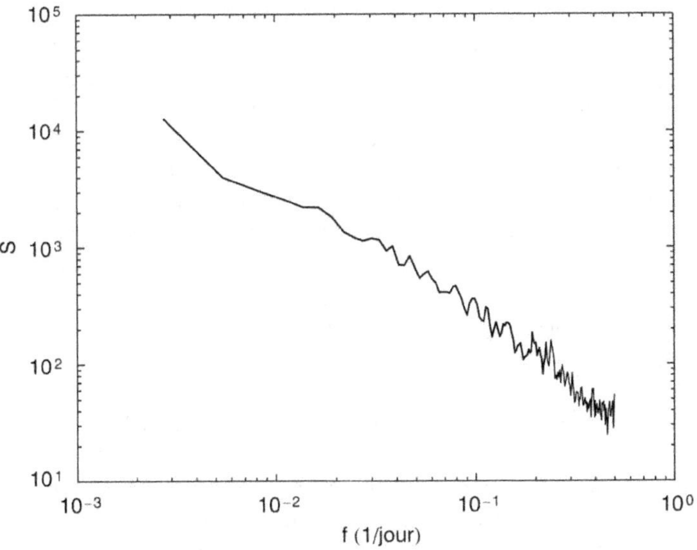

Figure 2.10. Spectre moyen sur 33 morceaux de 1 an de la série de débit journalier de la Coise à Larajasse.

que de crue, représentatif du temps de réaction du bassin versant aux pluies. L'analyse des changements de lois d'échelles et du lien entre les plages d'invariance pour les pluies et pour les débits avec les caractéristiques physiques du bassin versant constituent un domaine d'intérêt pour l'application de la théorie multifractale en hydrologie.

Dans la suite, nous nous concentrons sur l'Orgeval, pour la plage d'échelles $[B-, B+]$ sur lesquelles les données produisent un spectre relativement lisse, avec une valeur de β inférieure à 1, ce qui correspond à un processus conservatif (*cf.* p. 24). Les durées étudiées pour les séries de pluie et de débit sont résumées dans les tableaux 2.1 et 2.2. Dans les traitements suivants, le rapport entre échelles successives est égal à 2. L'échelle intégrale est la puissance de 2 la plus proche de la borne supérieure de la plage d'invariance.

Tableau 2.1. Échelles d'étude, en jours, des pluies et rapports d'échelles λ.

Jours	32	16	8	4	2	1
λ	1	2	4	8	16	32

Tableau 2.2. Échelles d'étude, en jours, des débits et rapports d'échelles λ.

Jours	512	256	128	64	32	16	8	4
λ	1	2	4	8	16	32	64	128

Analyse des lois d'échelle des moments

Nous explorons les échelles situées dans la plage de variation définie précédemment $[B-, B+]$. Les chroniques sont découpées en Ns séquences continues. Ns, conditionné par la plage d'invariance, est égal à la durée totale de la chronique divisée par l'échelle intégrale (*cf.* chapitre 1, p. 8). $Ns = 422$ échantillons de longueur 32 jours pour les pluies et $Ns = 30$ échantillons de 512 jours pour les débits. Pour analyser la chronique de débits, une opération d'agrégation de la série de débits journaliers à l'échelle de quatre jours est indispensable pour explorer ensuite les échelles λ plus grossières.

En figures 2.11 et 2.12 sont reportés les moments d'ordre q, calculés pour chaque niveau d'agrégation λ et pour les valeurs de q, avec $0 < q < 2,5$, au pas de 0,5. L'espérance $< \varepsilon_\lambda^q >$ représente la moyenne des moments estimés sur chacun des 442 échantillons de 32 jours des pluies de l'Orgeval, et sur chacun des 30 échantillons de 512 jours pour les débits de l'Orgeval.

Pour un processus multifractal, les moments d'ordre q prennent la forme décrite par l'équation (9). C'est ce que nous observons sur les figures 2.11 et 2.12 qui suggèrent un comportement puissance. La propriété d'invariance d'échelle déjà détectée sur le spectre, pour ce qui concerne les propriétés d'ordre 2 de la série, est confirmée par l'examen des moments d'ordres différents. Il est possible de tester l'hypothèse de la loi de puissance à partir d'un niveau de significativité choisi. On donne dans le tableau 2.3 les valeurs du coefficient de détermination relatif aux lois puissance, montrées en figures 2.11 et 2.12, afin de permettre une première appréciation de la qualité de l'ajustement à la loi puissance.

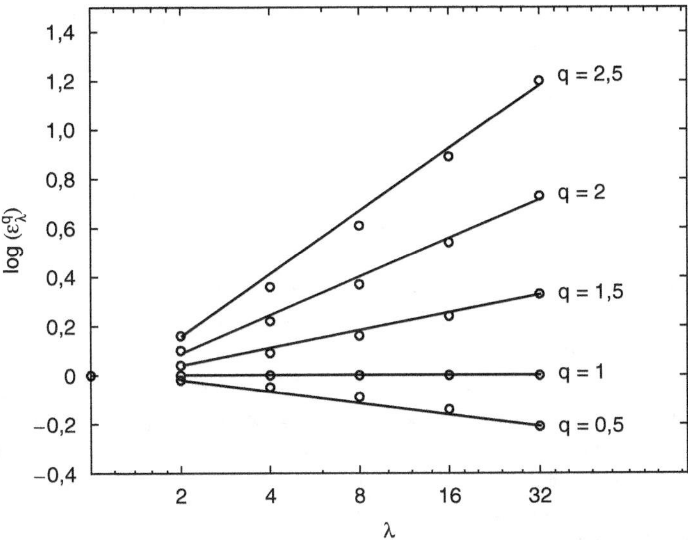

Figure 2.11. Logarithme de l'espérance du moment d'ordre q, en fonction du rapport d'échelle λ (en log), pour la série de pluie.

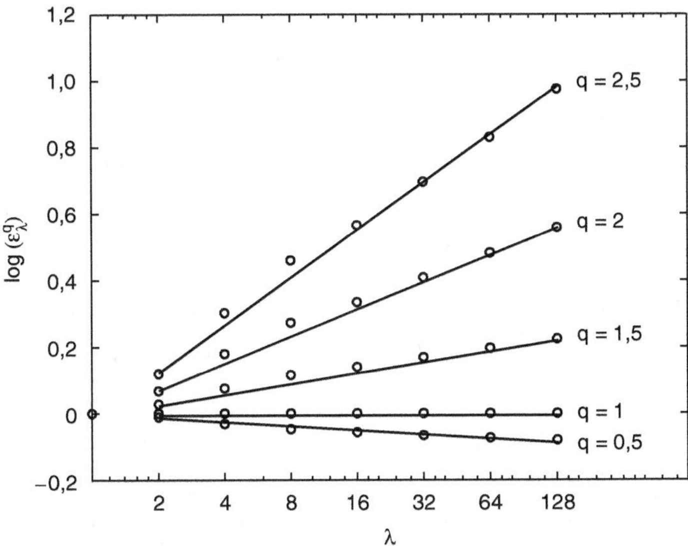

Figure 2.12. Logarithme du moment d'ordre q, en fonction du rapport d'échelle λ (en log), pour la série de débit.

Tableau 2.3. Coefficients de détermination R^2 des lois puissance des moments.

	q	0,5	1,5	2	2,5
R^2	Pluies (figure 2.11)	0,966	0,984	0,979	0,976
	Débits (figure 2.12)	0,962	0,990	0,995	0,997

Calage des paramètres multifractals universels

Selon l'équation (9), la valeur $K(q)$ correspond à la pente de la droite des moments d'ordre q en fonction de λ, dans un repère log-log associé à q. Les figures 2.13 et 2.14 donnent la variation du coefficient $K(q)$ en fonction de l'ordre q.

Nous relevons une première partie courbée, puis une seconde partie linéaire. La transition s'effectue autour de $q = 3,5$ pour les pluies et de $q = 4$ pour les débits. Ces valeurs sont estimées en ajustant une droite sur la partie haute de la fonction. La portion linéaire indique l'existence d'une transition de phase (*cf.* p. 18). Le modèle multifractal universel peut être appliqué sur la portion courbe ($q < 3,5$ pour les pluies et $q < 4$ pour les débits). Le champ étant conservatif ($H = 0$ et $\beta < 1$), l'expression du modèle se simplifie :

$$K(q) = \begin{cases} \dfrac{C_1}{\alpha - C_1}(q^\alpha - q) & \alpha \neq 1 \\[2ex] C_1 q \ln(q) & \alpha = 1 \end{cases}. \tag{35}$$

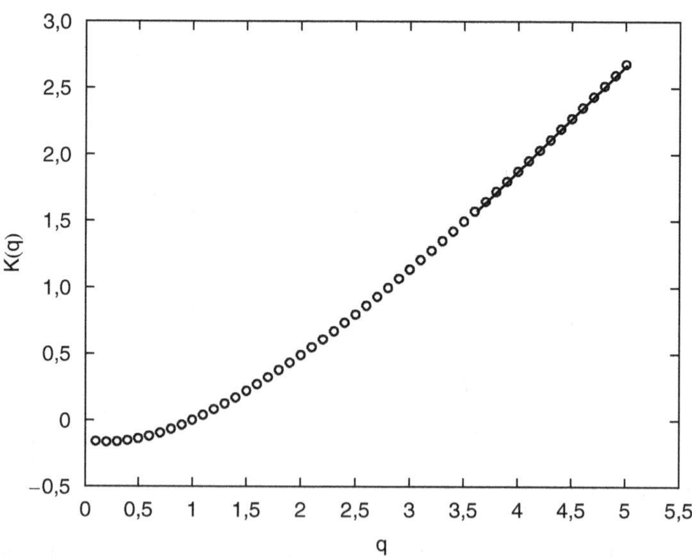

Figure 2.13. Fonction $K(q)$ empirique pour la série des pluies sur le bassin de l'Orgeval (1963-2002), valable pour la plage d'échelle 1-32 jours.

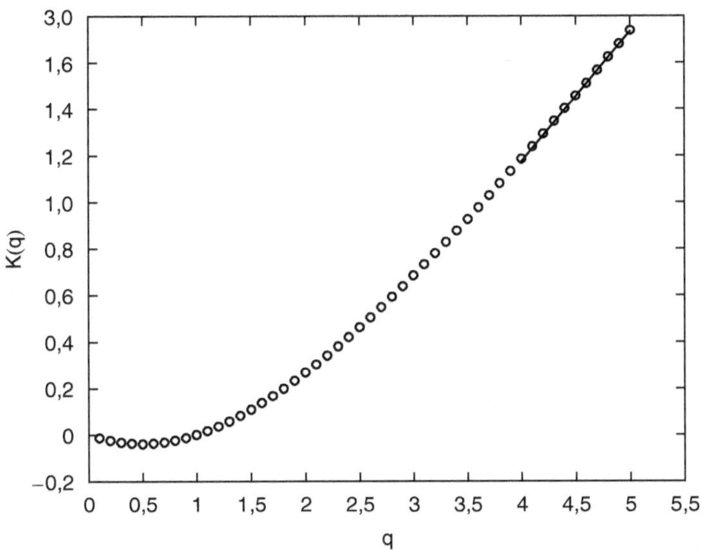

Figure 2.14. Fonction $K(q)$ empirique pour la série des débits de l'Orgeval, valable pour la plage d'échelle 4-512 jours.

Il reste alors à estimer les autres paramètres. Posons :

$$\hat{K}(q) = \frac{q^{\alpha} - q}{\alpha - 1}. \tag{36}$$

Si nous supposons le modèle universel valide, le rapport $C_1(q) = \dfrac{K(q)}{\hat{K}(q)}$ reste constant quel que soit q, et vaut C_1. L'opération d'ajustement vise d'abord à trouver la valeur de α qui rend ce rapport constant. Une estimation de C_1 est donnée ensuite par la moyenne des rapports $C_1(q)$. Nous obtenons $\alpha = 0,79$ et $C_1 = 0,39$ pour les pluies (figure 2.13), et $\alpha = 1,30$ et $C_1 = 0,17 \pm 0,02$ pour les débits (figure 2.14). Nous pouvons représenter sur le même graphique la fonction empirique et le modèle universel ajusté (figures 2.15 et 2.16) qui sont tout à fait cohérents.

Les paramètres du modèle multifractal universel nous permettent de reconstruire les fonctions théoriques $K(q)$ et $c(\gamma)$ du processus. Ceux-ci contiennent l'information relative au comportement statistique du processus à toutes les échelles pour lesquelles l'hypothèse d'invariance avait été faite. En particulier, les paramètres α et C_1 peuvent être exploités pour caler et mettre en œuvre un modèle de cascades multiplicatives.

Commentaire sur les valeurs extrêmes

Les paramètres du modèle universel étant désormais connus, nous pouvons estimer q_s et q_D, définis précédemment (*cf.* p. 18). Par simplicité, nous avons retenu dans l'équation (32) les valeurs suivantes : $D = 1$ et $D_s = 0$. En ce qui concerne le débat scientifique ouvert sur ce sujet, on pourra se référer à la fin du chapitre 1 (*cf.* p. 27-29).

Ainsi, en appliquant l'équation (32), avec $D = 1$, $D_s = 0$, $C_1 = 0,39$ et $\alpha = 0,79$, nous trouvons $q_s = 3,29$ pour les pluies, et, avec $D = 1$, $D_s = 0$, $C_1 = 0,17$ et

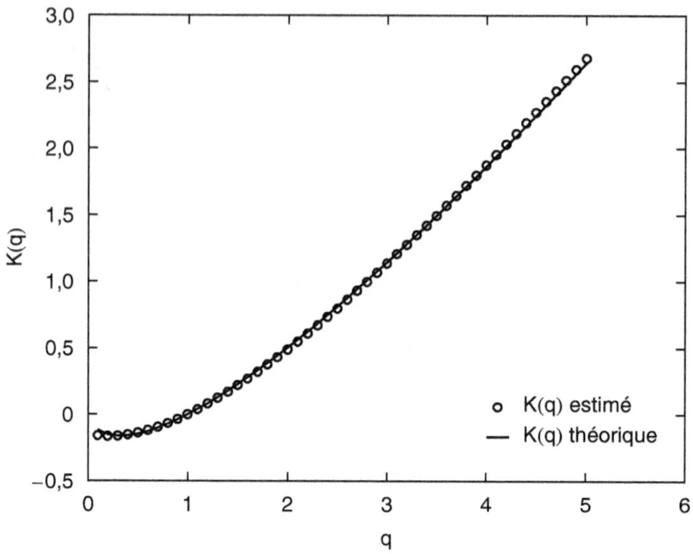

Figure 2.15. Fonction $K(q)$ empirique, issue du modèle universel, avec les paramètres (α, C_1), pour la série des pluies sur le bassin de l'Orgeval (1963-2002), et sur la plage d'échelle 1-32 jours.

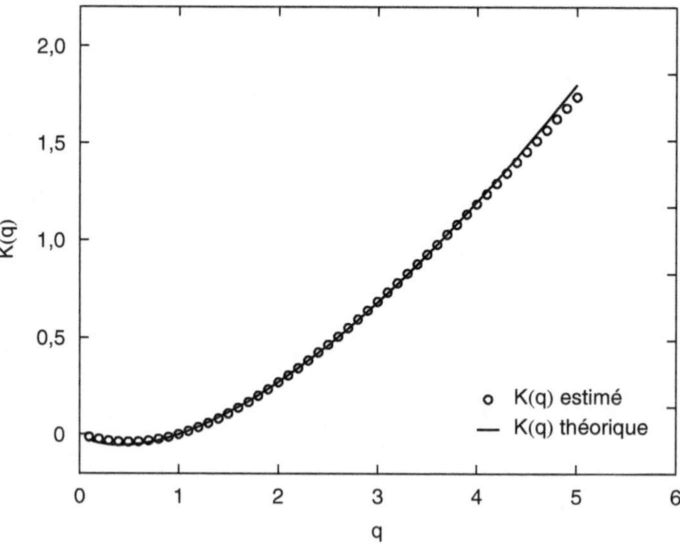

Figure 2.16. Fonction $K(q)$ empirique, issue du modèle universel, avec les paramètres (α, C_1), pour la série des débits de l'Orgeval, et sur la plage d'échelle 4-512 jours.

$\alpha = 1,30$, une valeur $q_s = 3,91$ pour les débits. Ces valeurs de q_s correspondent au début de la transition de phase détectée sur les graphiques $K(q)$. On en déduit, à partir de l'équation (33), la valeur $q_D = 33,80$ pour les pluies et $q_D = 27,42$ pour les débits. Le fait d'avoir $q_S < q_D$ nous indique que la transition de phase est due à la taille réduite de l'échantillon. Pour cette raison, la fonction $K(q)$ devient linéaire au-delà de q_s. Le moment critique définissant cette transition est sensible à la période de suivi. La valeur de $q_D > q_s$ fait, qu'en pratique, il n'est pas possible d'observer la divergence des moments sur la série mesurée.

L'ordre q_D représente également la pente de la chute algébrique de la loi de probabilité des pluies ou des débits prévue par un modèle multifractal universel, au moment où la divergence des moments sera visible, donc pour une série de longueur infinie. Ceci correspond, pour une loi de probabilité de Pareto généralisée, équation (19), à un paramètre de forme $\kappa = \dfrac{1}{q_D}$ égal à 0,029 pour les pluies, et à 0,036 pour les débits. Il est associé à la divergence des moments d'ordre $q > q_D$. Rappelons que ces deux estimations sont liées aux choix de $D = 1$ et $D_s = 0$ insérés dans les équations (32) et (33).

Une analyse de sensibilité est faite sur plusieurs morceaux de la série : elle montre que la variabilité sur l'estimation des paramètres α et C_1 est de l'ordre de ± 15 %. Pour en déduire un intervalle de sensibilité sur les estimations de q_s et q_D, à partir des équations (32) et (33), il faut tenir compte du fait que les deux paramètres multifractals α et C_1 varient en sens inverse, d'après l'équation suivante (Schertzer et Lovejoy, 1993) :

$$\frac{\mathrm{d}^2 K(q)}{\mathrm{d}q^2}(q = 1) = C_1 \alpha = \text{cte} \quad \text{(courbure de la fonction } K(1) \text{).} \tag{37}$$

Nous retiendrons les deux cas extrêmes $(1,15 C_1 \; ; \; \dfrac{\alpha}{1,15})$ et $(\dfrac{C_1}{1,15} \; ; \; 1,15 \alpha)$.

Les plages de variabilité des paramètres α et C_1 et les valeurs correspondantes de q_D pour les pluies et les débits sont reportées dans les tableaux 2.4 et 2.5.

Tableau 2.4. Valeurs du couple (q_s, q_D) pour les pluies, en fonction du couple utilisé (α, C_1).

	$C_1 = 0,33$	$C_1 = 0,45$
$\alpha = 0,67$		(3,29, 45,93)
$\alpha = 0,91$	(3,38, 30,09)	

Tableau 2.5. Valeurs du couple (q_s, q_D) pour les débits, en fonction du couple utilisé (α, C_1).

	$C_1 = 0,14$	$C_1 = 0,20$
$\alpha = 1,11$		(4,26, 50,39)
$\alpha = 1,51$	(3,68, 19,26)	

En ce qui concerne les pluies, on obtient les intervalles de sensibilité suivants :
$$3,29 < q_s < 3,38 \quad \text{et} \quad 30,09 < q_D < 45,93 \, .$$

Le paramètre de forme d'une loi de Pareto généralisé ($\kappa = \dfrac{1}{q_D}$), éventuellement visible sur un très grand échantillon, a une valeur estimée à 0,029. Son intervalle de variabilité est le suivant : $0,022 < \kappa < 0,033$. Pour les débits, on obtient $3,68 < q_s < 4,26$ et $19,26 < q_D < 50,39$, et un paramètre de forme $\kappa = 0,036$, compris entre 0,020 et 0,052.

Ces résultats vont maintenant être comparés à ceux obtenus par un ajustement du paramètre de forme d'une loi de Pareto généralisé sur les valeurs au-dessus d'un seuil. En exploitant les critères proposés par Lang *et al.* (1999), nous avons choisi une série de seuils conduisant à extraire un nombre de valeurs comprises entre une et trois par an. Pour les pluies, l'indépendance des valeurs échantillonnées a été obtenue en écartant deux valeurs non séparées par une pluie nulle.

Pour les pluies, on obtient les résultats suivants :

– $\kappa = -0,112$, avec $-0,182 < \kappa < 0,170$, pour la méthode des L-moments ;

– $\kappa = -0,095$, avec $-0,184 < \kappa < 0,103$, pour la méthode des moments pondérés PWM ;

– $\kappa = -0,022$, avec $-0,078 < \kappa < 0,140$, pour la méthode du maximum de vraisemblance ;

– $\kappa = -0,080$, avec $-0,135 < \kappa < 0,136$, pour la méthode de Hill généralisée (Beirlant *et al.*, 1996).

Ces résultats sont résumés en figure 2.17 (partie gauche), où la valeur positive du paramètre de forme κ reste compatible avec les intervalles de sensibilité des autres approches. On notera que le modèle multifractal indique que la divergence des moments n'est pas visible sur cet échantillon puisque $q_s < q_D$.

Pour la série des débits agrégés à 4 jours, on obtient une estimation du paramètre de forme :

– $\kappa = -0,227$, avec $-0,279 < \kappa < -0,098$, pour la méthode des L-moments ;

– $\kappa = -0,327$, avec $-0,355 < \kappa < -0,201$, pour la méthode des moments pondérés PWM ;

– $\kappa = -0,260$, avec $-0,278 < \kappa < -0,202$, pour la méthode du maximum de vraisemblance ;

– $\kappa = -0,189$, avec $-0,303 < \kappa < -0,075$, pour la méthode de Hill généralisée.

Ces résultats sont représentés en figure 2.17 (partie droite).

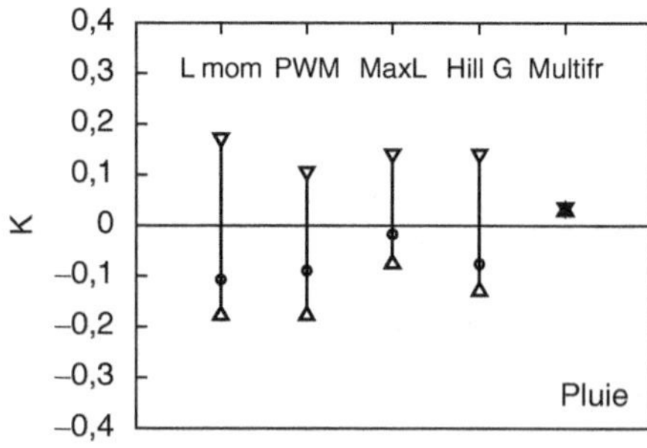

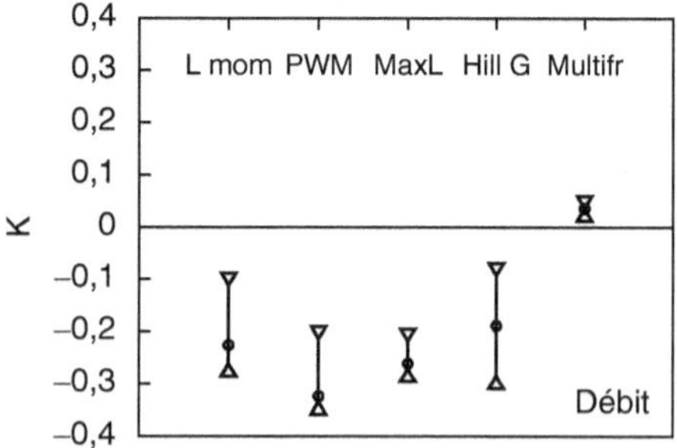

Figure 2.17. Comparaison des valeurs du paramètre κ d'une loi de Pareto généralisée, sur la série de pluies journalières (à gauche) et sur la série de débits journaliers agrégés à l'échelle de 4 jours (à droite).

Seule l'approche multifractale donne une valeur positive du paramètre de forme κ, en dehors des intervalles de sensibilité obtenus par les approches probabilistes. D'après le modèle multifractal, cette différence proviendrait d'une taille d'échantillon trop réduite ($q_s < q_D$) pour pouvoir apprécier la présence d'une loi de puissance pour la distribution de probabilité. Nous en resterons à ce constat, sachant que des investigations complémentaires sur de longues séries sont nécessaires pour mieux interpréter l'origine possible de ces différences.

Conclusion

Cette note, après une brève introduction, décrit la théorie multifractale et le modèle de cascades multiplicatives qui permet de reproduire les caractères multifractals des champs et des séries. Des cas d'application sont ensuite présentés sur des séries de pluie et de débit, au pas de temps journalier et au pas temps horaire. Le but de cette note est de mettre en évidence les potentialités des approches multifractales en hydrologie.

La mise en évidence empirique des lois d'échelle, mono-échelle ou multi-échelle, observées sur des séries hydrologiques, parfois utilisée depuis longtemps en hydrologie opérationnelle, nous a poussés à expliciter les théories qui permettent de décrire ces propriétés. La constatation que les phénomènes deviennent de plus en plus variables et imprédictibles aux petites échelles est un autre indice qui correspond aux propriétés issues des processus générés par des cascades multiplicatives (donc multifractales). Par ailleurs, le comportement asymptotique des extrêmes, qui ont souvent une fréquence estimée par les modèles multifractals (jusqu'à la divergence des moments statistiques d'ordre élevé) plus grande que celle estimée par des modèles fréquentiels traditionnels, reste une question ouverte. Il reste enfin l'espoir de relier les informations statistiques à un modèle basé sur la physique, et, dans le cas des cascades multiplicatives, de passer du calage des modèles à la compréhension du phénomène.

La théorie multifractale propose donc un cadre d'analyse scientifique intéressant pour la compréhension des changements d'échelle spatio-temporelle des phénomènes hydrologiques.

Remerciements

Ce travail a été conçu dans le cadre du post-doctorat de Pietro Bernadara, cofinancé par le Cemagref Lyon (HHLY) et l'ENPC (Cereve), avec le soutien de Pierrick Givone (Cemagref) sur cette collaboration entre spécialistes des fractales et hydrologues. Les auteurs remercient les autres participants du groupe de travail « Extrêmes en hydrologie » (Cemagref, EDF, Engref, ENPC, ENSMP, Météo-France, université Pierre et Marie Curie) et du projet Multiplicité d'échelles en hydro-météorologie (MHYM, PNRH) pour leur suggestions lors de présentation d'étapes de ce travail, ainsi que le soutien du PNRH. Nous remercions également les producteurs de données sur le bassin de l'Orgeval (Cemagref Antony) et le bassin Rhône-Méditerranée (Diren Rhône-Alpes). Nous remercions par ailleurs José Macor et Angelbert Biaou (Cereve) pour les discussions que nous avons eues avec eux en cours d'élaboration de ce document.

Annexes

Intégration et différenciation fractionnaire

On se ramène à des processus conservatifs en considérant qu'ils résultent d'une inté-gration ou d'une différentiation, éventuellement fractionnaire, d'un processus non-conser-vatif. En effet, une telle opération ne préserve pas les propriétés de conservation et peut correspondre à la relation physique entre deux champs, l'un étant conservatif, l'autre pas (par exemple, flux d'énergie et champ de vitesse en turbulence). Il suffit alors d'effectuer respectivement une différentiation ou une intégration du même ordre pour se ramener au champ conservatif.

En général une intégration fractionnaire d'ordre H n'est qu'une généralisation de l'intégration classique, et la différenciation fractionnaire d'ordre H n'est qu'une géné-ralisation de la dérivation classique (*cf.* Miller et Ross, 1993). Une intégration d'ordre H de la fonction $g(t)$ peut être obtenue, par exemple, par l'intégrale fractionnaire de Rienmann-Liouville (*cf.* Schertzer et Lovejoy, 1991, appendice B ; Tessier *et al.*, 1996) :

$$I_H g(t) = \frac{1}{\Gamma(H)} \int_{-\infty}^{t} |t - \tau|^{H-1} g(\tau) \mathrm{d}t \,. \tag{38}$$

Une des solutions les plus simples pour effectuer une telle extension est de passer dans l'espace de Fourier et de diviser ou respectivement multiplier par des puissances non entières du nombre d'onde, alors que les puissances entières correspondent à l'inversion ou l'application itérée du Laplacien. Dans ce cas, l'équation (38) revient à filtrer le signal dans l'espace de Fourier en le multipliant par $(if)^{-H}$.

Les intégrations et différentiations fractionnaires correspondent à des extensions des intégrations et différentiations usuelles à des ordres non entiers, dits fractionnaires. Il n'y a évidemment pas de définition unique d'une différentiation ou intégration fractionnaire (*cf.*, par exemple, Miller et Ross, 1993 ; ou Yanvosky *et al.*, 2001) pour leurs applications respectives dans des problèmes de diffusion. En effet, l'équation (38) est un cas particulier d'une intégrale de convolution (*cf.* Chow, 1988) :

$$I_H g(t) = \int_{0}^{t} g(\tau) u(t - \tau) \mathrm{d}t \,, \tag{39}$$

avec :

$$u(t - \tau) = |t - \tau|^{H-1} \,. \tag{40}$$

Table des notations utilisées

λ	Rapport d'échelle
Λ	Rapport d'échelle maximale
T	Échelle intégrale
T_i	Échelle
ε_λ	Observations du processus à l'échelle λ
γ	Singularité
X	Variable aléatoire
$F(*)$	Fonction de répartition
$c(*)$	Fonction codimension
$P(*)$	Fonction de densité de probabilité
$E(*^q)$	Moment d'ordre q
$K(q)$	Fonction des moments statistiques
F	Fréquence
S	Spectre d'énergie
β	Exposant du spectre
D, D_s	Dimension de l'espace
D_A	Dimension de l'objet A
q_D	Ordre de divergence des moments
γ_D	Singularité liée à l'ordre de divergence des moments
a, b, κ	Paramètres de la distribution GP
γ_s	Singularité maximale théoriquement observable
Σ	Générateurs du modèle de cascade
α, C_1, H	Paramètres du modèle multifractal universel
G	Fonction

Références bibliographiques

La bibliographie citée le long du texte est détaillée en cette fin d'ouvrage. Une liste exhaustive des publications sur le sujet est impossible. Nous conseillons de commencer par la lecture de notes introductives sur la théorie multifractale. Par exemple, les notes de lecture du cours sur les phénomènes non-linéaires en géophysique, donné à l'Institut d'études scientifiques de Cargèse (Schertzer et Lovejoy, 1993). Des numéros spéciaux peuvent également être recommandés : *Fractals' Physical Origin and Properties* (AAVV, 1989), *Non-linear Variability in Geophysics* (AAVV, 1991) et les actes de deux conférences "Hydrofractals" (AAVV, 1993 et 2003). Plusieurs travaux récents de doctorat présentent une revue bibliographique intéressante sur le sujet des multifractales et de la modélisation hydrologique : De Lima (1998), Marsan (1998), Chaouche (2001), Hallegatte (2001), Mouhous (2003), Biaou (2004), Bernardara (2004). Enfin, la lecture des ouvrages principaux de Benoit Mandelbrot (1975, 1982 et 1998) donne une idée de la naissance et de l'évolution de la théorie fractale et multifractale : *Les objects fractals : forme, hasard et dimension* ; *Fractal Geometry of Nature* et *Multifractals and 1/f Noise*.

AAVV, *Fractals' Physical Origin and Properties*, New York : Pietronero L., Plenum Press, 1989.

AAVV, 1991. *Non-Linear Variability in Geophysics, Scaling and Fractals*, Kluwer.

AAVV, 1993. *International conference on fractals in hydrosciences*, Ischia, Italie.

AAVV, 2003. *International conference on fractals in hydrosciences*, Ascona, Suisse.

BAK P., 1997. *How nature works: the science of self-organized criticality*, Oxford University Press.

BEIRLANT J., TEUGELS J.L. et VYNCKIEE P., 1996. *Practical Analysis of Extreme Values*, Leuven University Press.

BENDJOUDI H., HUBERT P., SCHERTZER D. et LOVEJOY S., 1997. *Interprétation multifractale des courbes intensité durée fréquence des précipitations*, Paris, Acad. Sci. Paris II, pp. 323-326.

BERNARDARA P., 2004. Scale Invariance in Rainfall Fields Modeling, *DIIAR*, PhD, Milan, Politecnico di Milano.

BIAOU A., 2004. *De la meso-échelle à la micro-échelle : désagrégation spatio-temporelle multifractale des précipitations*, Thèse, École des Mines de Paris.

CHAOUCHE K., 2001. *Approche multifractale de la modélisation stochastique en hydrologie*, Rapport HdR, Paris, université de Paris VI et École nationale du génie rural, 132 p.

CHOW V.T., MAIDMENT D.R. et MAYS L.W., 1988. *Applied Hydrology*, San Francisco, McGraw-Hill.

DE LIMA M.I.P. et GRASMAN J., 1999. Multifractal analysis of 15-min and daily rainfall from a semi-arid region in Portugal, *Journal of Hydrology*, 220(1-2), pp. 1-11.

DE LIMA M.I.P., 1998. *Multifractals and the temporal structure of rainfall*, PhD, Agricultural University Wageningen, 229 p.

DEIDDA R., BENZI R. et SICCARDI F., 1999. Multifractal modelling of anomalous scaling laws in rainfall, *Water Resources Research*, 35(6), pp. 1853-1867.

FEDER J., 1988. *Fractals*, New York, Plenum press.

FRISH U. et PARISI G., 1985. Fully developed turbulence and Intermittency, *Turbulence and predictability in geophysical fluid dynamics and climate dynamics*, International School of Physics Enrico Fermi.

GEORGAKAKOS K.P., CARSTEANU A.A., STURDEVANT P.L. et KRAMER J.A., 1994. Observation and analysis of midwestern rain rate, *Journal of applied meteorology*, 33(12), pp. 1433-1444.

GRASSBERGER P., 1983. Generalized dimensions of strange attractors, *Physics Reviews Letters*, 6(97A), pp. 227-230.

GUPTA V.K. et WAYMIRE E., 1990. Multiscaling properties of spatial rainfall and river flow distributions, *Journal of geophysical research*, 95(D3), pp. 1999-2009.

GUPTA V.K. et WAYMIRE E., 1993. A statistical analysis of mesoscale rainfall as random cascade, *Journal of applied meteorology*, 32, pp. 251-267.

GUPTA V.K., CASTRO S.L. et OVER T.M., 1996. On scaling exponent of spatial peak flows from rainfall and river network geometry, *Journal of Hydrology*, 187, pp. 81-105.

HALLEGATTE S., 2001. Analyse multi-échelle de la climatologie des précipitations : comportement multifractal et auto-organisation critique, Thèse, École nationale de la météorologie.

HALSEY T.C., JENSEN M.H., KADANOFF L.P. et PROCACCIA I., 1986. Fractals measures and their singularities: the characterization of strange sets, *Phys. Rev. A*, 33, pp. 1141-1151.

HARRIS D., MENABDE M., SEED A. et AUSTIN G., 1996. Multifractal characterization of rain field with a strong orographic influence, *Journal of geophysical research*, 101(D21), pp. 26405-26414.

HENTSCHEL H.G.E. et PROCACCIA I., 1983. The infinite number of generalized dimensions of fractals strange attractors, *Physica*, D(8), pp. 435-444.

HORTON R.E., Drainage basins characteristics, 1932. *Trans. Am. Geophys. Union*, 13, pp. 350-361.

HUBERT P. et CARBONNEL J.-P., 1991. *Fractal characterization of intertropical precipitation variability and anisotropy*, Schertzer D. et Lovejoy S. (Éd.), Kluwer.

HUBERT P., TCHIGUIRINSKAIA I., BENDJOUDI H., SCHERTZER D. et LOVEJOY S., 2002. Multifractal Modeling of the Blavet River Discharges at Guerledan, *Third Celtic Hydrology Colloquium*, Pays-de-Galle, Irlande.

HUBERT P., TESSIER Y., LOVEJOY S., SCHERTZER D., SCHMITT F., LADOY P., CARBONELL J.P.P., VIOLETTE S. et DESUROSNE I., 1993. Multifractals and Extreme Rainfall Events, *Geophysical research Letter*, 20, pp. 931-934.

KOLESNIKOV V.N. et MONIN A.S., 1965. Spectra of meteorological field fluctuations, *Acad. Sci. URSS*, 1, pp. 653-669.

KOLMOGOROV A.N., 1941. Local structure of turbulence in an incompressible liquid for very large Reynolds numbers, *Comptes Rendus de l'Académie des Sciences de l'URSS*, 30, pp. 299-303.

LA BARBERA P. et ROSSO R., 1989. On fractal dimension of stream network, *Water Resource Research*, 25(4), pp. 735-741.

LABAT D., MANGIN A. et ABABOU R., 2002. Rainfall-runoff relations for karstic springs: multifractal analyses, *Journal of Hydrology*, 256(3-4), pp. 176-195.

LADOY P., SCHMITT F., SCHERTZER D. et LOVEJOY S., 1993. Variabilité temporelle multifractale des observations pluviométriques à Nimes, *C. R. Acad. Sci. Paris*, 317, pp. 775-782.

LANG M., OUARDA T.B.M.J. et BOBÉE B., 1999. Towards operational guidelines for over-threshold modelling, *Journal of Hydrology*, 225(3-4), pp. 103-117.

LAVALLÉE D., 1991. *Multifractal techniques: analysis and simulation of turbulent fields*, Montréal, McGraw-Hill University.

LAVALLÉE D., SCHERTZER D. et LOVEJOY S., 1991. On the determination of the codimension function, *in Scaling, fractals and nonlinear variability in geophysics*, Schertzer D. et Lovejoy S. (Éd.), Kluwer press, pp. 99-109.

LOVEJOY S. et SCHERTZER D., 1990. Multifractals, universality classes and satellite and radar measurement of cloud and rain fields, *Journal of geophysical research*, 95(D3), pp. 2021-2034.

LOVEJOY S. et SCHERTZER D., 1991. Multifractal analysis techniques and rain and cloud fields from 10-3 to 10-6 m, *Scaling, fractals and nonlinear variability in geophysics*, Schertzer D. et Lovejoy S. (Éd.), Kluwer press, pp. 111-144.

LOVEJOY S., 1982. Area-perimeter relation for rain and cloud areas, *Science*, 216(4542), pp. 185-187.

LOVEJOY S., SCHERTZER D. et TSONIS A.A., 1987. Functional box-counting and multiple elliptical dimensions in rain, *Science*, 235, pp. 1036-1038.

MAJONE B., BELLIN A. et BORSATO A., 2004. Runoff generation in karst catchments: multifractal analysis, *Journal of Hydrology*, 294(1-3), pp. 176-195.

MALAMUD B.D. et TURCOTTE D.L., 1999. Self affine time series: measures of weak and strong persistence, *Journal of statistical planning and inference*, 80, pp. 173-196.

MANDELBROT B., 1975. *Les objets fractals : forme, hasard et dimension*, Paris, Flammarion.

MANDELBROT B., 1982. *Fractal Geometry of Nature*, San Francisco, W.H. Freeman.

MANDELBROT B., 1998. *Multifractals and 1/f noise*, Springer Verlag.

MARANI M., RIGON R. et RINALDO A., 1991. A note on fractals channel networks, *Water Resource Research*, 27(12), pp. 3041-3049.

MARSAN D., 1998. *Multifractals espace-temps ; dynamique et prédictibilité ; application aux précipitations*, Thèse, Université de Paris VI.

MARSAN D., SCHERTZER D. et LOVEJOY S., 1996. Causal space-time multifractal processes: Predictability and forecasting of rain fields, *Journal of geophysical research*, 101(D21), pp. 26333-26346.

MENABDE M., HARRIS D., SEED A., AUSTIN G. et STOW D., 1997. Multiscaling properties of rainfall and bounded random cascades, *Water Resource Research*, 33(12), pp. 2823-2830.

MILLER K.S. et ROSS B., 1993. *An Introduction to the Fractional Calculus and Fractional Differential Equations*, John Wiley & Sons, 384 p.

MOUHOUS N., 2003. *Intérêt des modèles de cascades multiplicatives pour la simulation de séries chronologiques de pluies ponctuelles adaptées à l'hydrologie urbaine*, Thèse, École nationale des Ponts et Chaussées, 168 p.

OLSSON J., 1996. Validity and applicability of a scale-independent, multifractal relationship for rainfall, *Atmospheric Research*, 42(1-4), pp. 53-65.

OVER T. et GUPTA V.K., 1994. Statistical analysis of mesoscale rainfall: Dependence of a random cascade generator on Large-Scale forcing, *Journal of applied meteorology*, 33, pp. 1526-1542.

OVER T. et GUPTA V.K., 1996. A space-time theory of mesoscale rainfall using random cascades, *Journal of geophysical research*, 101(D21), pp. 26319-26331.

PANDEY G., LOVEJOY S. et SCHERTZER D., 1998. Multifractal analysis of daily river flows including extremes for basins of five to two million square kilometres, one day to 75 years, *Journal of Hydrology*, 208(1-2), pp. 62-81.

PARISI G. et FRISH U., 1985. A multifractal model of intermittency, in Turbulence and Predictability, *in Geophysical Fluid Dynamics and Climate dynamics*, Ghil M., Benzi R. et Parisi G. (Éd.), North Holland, pp. 84-88.

RICHARDSON F.L., 1922. *Weather prediction by numerical processes*, Cambridge University press.

SAUQUET E., CHAPEL L., RAMOS M.-H. et BERNARDARA P., 2005. Propriétés d'invariance d'échelle dans les séries de débit : mise en parallèle de différents approches, *in IAHS VII Scientific Assembly*, Foz de Iguaçu, Brésil.

SCHERTZER D. et LOVEJOY S., 1983. Elliptical turbulence in the atmosphere, *in 4th symposium on Turbulent shear flow*.

SCHERTZER D. et LOVEJOY S., 1987. Physical modelling and analysis of rain and clouds by anisotropic scaling multiplicative processes, *Journal of geophysical research*, 92(D8), pp. 9693-9714.

SCHERTZER D. et LOVEJOY S., 1989. Generalized scale invariance and multiplicative processes in atmosphere, *Pure Appl. Geophys.*, 130(1), pp. 57-81.

SCHERTZER D. et LOVEJOY S., 1991. Nonlinear Geodynamical variability: multiple singularities, universality and observables, *in Scaling, fractals and nonlinear variability in geophysics*, Schertzer D. et Lovejoy S. (Éd.), Kluwer press, pp. 99-109.

SCHERTZER D. et LOVEJOY S., 1992. Hard and Soft Multifractal Processes, *Physica A*, 185(1-4), pp. 187-194.

SCHERTZER D. et LOVEJOY S., 1993. *Non linear variability in geophysics: scaling and multifractal processes*, Institut d'études scientifiques de Cargèse.

SCHERTZER D. et LOVEJOY S., 1997. Universal multifractals do exist!: Comments, *Journal of Applied Meteorology*, 36(9), pp. 1296-1303.

SCHMITT F., VANNITSEM S. et BARBOSA A., 1998. Modelling of rainfall time series using two-state renewal processes and multifractals, *Journal of geophysical research*, 103(D18), pp. 23181-23193.

SEED A., 1989. *Statistical problems in measuring convective rainfall*, McGraw-Gill University, p. 141.

SVENSSON C., OLSSON J. et BERNDTSSON R., 1996. Multifractal properties of daily rainfall in two different climates, *Water Resources Research*, 32(8), pp. 2463-2472.

TCHIGUIRINSKAIA I., SCHERTZER D., HUBERT P., BENDJOUDI H. et LOVEJOY S., 2004. Multiscaling geophysics and sustainable development, *in Scales in Hydrology and Water Management*, Tchiguirinskaia I. (Éd.), Paris, IAHS, pp. 113-136.

TESSIER Y., LOVEJOY S. et SCHERTZER D., 1993. Universal multifractals in rain and clouds: theory and observations, *Journal of Applied Meteorology*, 32, pp. 223-250.

TESSIER Y., LOVEJOY S., HUBERT P., SCHERTZER D. et PECKNOLD S., 1996. Multifractal analysis and modelling of rainfall and river flows and scaling, causal transfer functions, *Journal of geophysical research-Atmospheres*, 101(D21), pp. 26427-26440.

VENEZIANO D. et FURCOLO P., 2002. Multifractality of rainfall and scaling of intensity-duration-frequency curves, *Water Resources Research*, 38(12).

WEISS L.L., 1964. Ratio of true fixed interval maximum rainfall, *Journal of hydraulic division of ASCE*, 90, pp. 78-82.

YAGLOM A.M., 1966. The influence of the fluctuation in energy dissipation on the shape of turbulent characteristics in the inertial interval, *Sov. Phys. Dokl.*, 2, pp. 26-30.

YANOVSKY V.V., CHECHKIN A.V., SCHERTZER D. et TUR A.V., 2000. Levy anomalous diffusion and fractional Fokker-Planck equation, *Physica A: Statistical Mechanics and its Applications*, 282(1-2), pp. 13-34.

Liste des auteurs

Pietro Bernardara
EDF R&D LNHE
6, quai Watier
78401 Chatou Cedex

Michel Lang
Cemagref,
Unité de recherche Hydrologie-hydraulique
3bis, quai Chauveau
CP 220
69336 Lyon Cedex 09

Éric Sauquet
Cemagref,
Unité de recherche Hydrologie-hydraulique
3bis, quai Chauveau
CP 220
69336 Lyon Cedex 09

Daniel Schertzer
Cereve ENPC
6-8, avenue Blaise Pascal
Cité Descartes
Champs-sur-Marne
77455 Marne-la-Vallée Cedex 2

Ioulia Tchiriguyskaia
Cereve ENPC
6-8, avenue Blaise Pascal
Cité Descartes
Champs-sur-Marne
77455 Marne-la-Vallée Cedex 2

Fichier préparé par Nicolas Perrier, société 4P
Imprimé pour vous par Libri Plureos GmbH (Allemagne)